“十二五”职业教育国家规划教材
经全国职业教育教材审定委员会审定

高等应用型人才培养规划教材

基于工作任务的Java Web应用教程（第2版）

覃国蓉　主编
周德伟　毛树生　叶建锋　黄晓伟　廖先锋　副主编

電子工業出版社
Publishing House of Electronics Industry
北京・BEIJING

内 容 简 介

本教材围绕开源的技术示范项目 PetStore 的实现介绍 Java Web 应用系统开发技术：HTML/CSS，JDBC，JSP，标签库（JSTL），Servlet，JavaBean，Filter，以及 J2EE 轻量级框架技术 Hibernate，Struts2 和 Spring，并且融入面向对象程序设计思想和 MVC 设计模式。本教材从完成最简单的静态版本（HTML/CSS）开始，逐步迭代，到最后使用框架技术（Hibernate，Struts2 和 Spring）完成项目，难度推进合理。

本教材适合作为应用型本科、高职软件技术及相关专业学生学习 Java Web 应用开发技术的教材，也可作为面向就业的实习实训教材。

图书在版编目（CIP）数据

基于工作任务的 Java Web 应用教程/覃国蓉主编. —2 版. —北京：电子工业出版社，2015.11
"十二五"职业教育国家规划教材　高等应用型人才培养规划教材
ISBN 978-7-121-27463-3

Ⅰ. ①基…　Ⅱ. ①覃…　Ⅲ. ①JAVA 语言—程序设计—高等职业教育—教材　Ⅳ. ①TP312

中国版本图书馆 CIP 数据核字（2015）第 255731 号

策划编辑：吕　迈
责任编辑：吕　迈
印　　刷：北京盛通商印快线网络科技有限公司
装　　订：北京盛通商印快线网络科技有限公司
出版发行：电子工业出版社
　　　　　北京市海淀区万寿路 173 信箱　邮编　100036
开　　本：787×1 092　1/16　印张：13.75　字数：352 千字
版　　次：2009 年 12 月第 1 版
　　　　　2015 年 11 月第 2 版
印　　次：2021 年 1 月第 4 次印刷
定　　价：35.00 元

凡所购买电子工业出版社图书有缺损问题，请向购买书店调换。若书店售缺，请与本社发行部联系，联系及邮购电话：（010）88254888，88258888。

质量投诉请发邮件至 zlts@phei.com.cn，盗版侵权举报请发邮件至 dbqq@phei.com.cn。

本书咨询联系方式：（010）88254569，xuehq@phei.com.cn，QQ1140210769。

前　　言

项目教学法起源于美国，盛行于德国，尤其适合于职业技术教育。项目教学法的成功与否，项目的选择和设计尤为关键。项目通常有 3 种来源：从企业引入的真实项目；教师自己设计的虚拟项目；教材上别人设计的项目。从企业引入的项目直接作为教学项目具有重点不突出、工作量过大和由于工期造成的代码的可读性无法保证的问题；由于很多教师没有相关项目经验，使得教师自己设计的虚拟项目和一些教材上的项目的代码质量、实现的技术和方法与企业真实情况可能有很大的差距。

成功的开源软件由众多优秀程序员共同完成，包含了他们的最佳实践经验，其代码质量、实现的技术和方法要明显优于前面提到的 3 类项目。Java 开源社区产生了许多有价值的开源项目，并且培养了一大批优秀的大师级编程专家，普通的开发者通过这些社区受益多多，就是很好的证明。

PetStore（宠物商店）是 Java 厂商 SUN 公司推出的用于展示 Java EE 技术的示范项目，后来开源社区又推出了它的不同版本以示范各开源技术。该系统的不同版本是世界各地优秀程序员智慧的结晶，其中 JPetStore 设计和架构更优良，各层定义清晰，而 Hibernate JPetStore 增加了 Hibernate 框架技术，所以是当前学习 Java Web 应用开发相关技术的绝好例子。

一线授课教师与企业一线技术人员合作，对 Hibernate JPetStore 进行教学适用化改造，并作为贯穿本教材的案例。教材引导学生在实现该系统的过程中掌握 Java Web 应用系统的开发技术，获得软件开发经验，具备开发实际软件项目的能力，为成为合格的 Java 软件工程师打下基础。

本教材具有以下特色：

（1）选择技术示范项目作为案例，真正实现了“够用为度”。Java Web 开发技术一直在不断发展，Java Web 应用开发技术要讲解到什么程度，无疑其技术示范项目最有发言权。

（2）采用基于原型迭代的软件开发方法的教学法，符合学生和课程的特点。与 PetStore 项目相关的有 10 个任务，从最简单的 HTML+CSS 实现宠物分类展现模块的静态版本开始，每一章中讲解的新技术和方法都是建立在前一章的基础之上的，从而使学生能够循序渐进地学习，到最后能够编写出 Java 高手编写的代码。

（3）“陈述性知识”和“过程性知识”并重。本教材选择开源项目作为贯穿本教材的案例项目，学生不光可以学到相关技术（陈述性知识），还可以学到优秀程序员的经验（过程性知识）：优秀的代码及编码规范、设计技巧和编程模式。

（4）本教材在出版前，已经作为省精品课程和骨干校建设网络课程的配套教材以校本教材的方式使用了 4 次，适用性好。新的版本会跟踪新技术进行内容调整，并且每次使用后，作者都会根据使用效果排除教材的错误，对各章的内容展开方式和描述方式等进行便于自学和教学的调整，使学生方便自学，教师便于组织教学。

本教材试用版为广东省精品资源共享课程和国家骨干校建设网络课程“轻量级 J2EE 应用开发”的配套教材，经过多轮试用并进行了新技术更新、教学适用性的调整后才正式出版，而且相关课程资源持续更新，学习和教学时可以共享。

为教师授课提供方便，本书提供了多媒体课件、教学案例代码和习题答案，可在电子工业出版社的华信教育资源网免费下载（http://www.hxedu.com.cn）。

本教材由覃国蓉主编，周德伟、毛树生（企业）、叶建锋、黄晓伟、廖先锋副主编。其他参编人员有：张璐、任亚洲、陈亚敏、王晨曦、杨海红、杨永滨、徐雪琼、罗贤平、刘红秀、许依达、毛越。

特别感谢：

- Pprun，他是 Hibernate JPetStore 的实现者，本教材的案例项目就是在对 Hibernate JPetStore 改造的基础上完成的，他还在开源技术的使用方面给予了我们很多宝贵经验，正是有了 Pprun 这些开源技术爱好者的无私奉献，Java 技术才得以快速发展和广泛使用。
- 广东省精品课程团队何涛老师、刘志军老师、杨海红老师给予的宝贵建议。
- 深圳信息职业技术学院 2011 软件技术 3-1 班，2012 软件技术 3-1 班，2013 软件技术 3-1 和 3-2 班以及 2014 软件技术 3-1 班对教材的试用和反馈。

编　者

2015 年 8 月

目　录

CONTENTS

第 1 章

背景知识

本章要点

介绍 Web 应用程序的相关概念：Web 应用程序；静态资源和动态资源；Web 服务器

介绍 HTTP 协议相关知识：HTTP 协议；HTTP 请求消息格式及三种重要的 HTTP 请求方法 GET、POST 和 HEAD；HTTP 响应消息格式

介绍 Java Web 应用开发相关技术：静态网页开发技术；动态网页开发技术；SSH 框架（Java 轻量级企业应用解决方案）

介绍 Servelt 的相关概念：Servlet，Servlet 容器;开发 Servlet 的过程;Servlet API

介绍 JSP 的相关概念：JSP；JSP 的优势

介绍本教材使用案例系统：Petstore 宠物商城

1.1 Web 应用程序基本概念

1.1.1 什么是 Web 应用程序

Web 应用程序是通过 Web 网站提供服务的应用程序。最常见的例子是提供邮件服务的网站，如 163 网易免费邮箱。

最初的 Web 网站，所有网页的内容都是静态的 HTML 网页。在这种情况下，用户只能从 Web 服务器提取静态的页面信息并显示到浏览器中，网站所能实现的任务仅仅是静态的信息显示，而不能与客户产生互动。

JSP 和 Servlet 等技术的出现，使得 Web 服务器的功能得到扩展，可以根据用户的输入信息产生对应的页面（动态网页）。这时的服务器端不只是接收请求并返回页面，还可以处理复杂的业务逻辑并能访问数据库，提供的功能也越来越强大，Web 逐渐成为应用程序开发的首选平台。

1.1.2 静态资源和动态资源

用静态技术（如 HTML）实现的资源为静态资源（或静态页面），静态资源没有处理能力。用动态技术（如 JSP 和 Servlet）实现的资源为动态资源（或动态页面），动态资源具有处理能力。

当浏览器请求 www.myserver.com/myfile.html 页面时，Web 服务器找到 myfile.html 文件直接返回给浏览器，myfile.html 文件是一个静态资源。当浏览器请求 www.myserver.com/reportServlet 时，reportServlet 是一个 Servlet ，是具有处理能力的动态资源，Web 服务器会将该请求传递给 reportServlet，该 Servlet 会进行处理（如查询数据库），然后根据处理结果动态生成一个 HTML 文件给 Web 服务器，最后由 Web 服务器将生成的 HTML 文件返回给浏览器。

通常 Web 应用程序既有静态资源，又有动态资源，但是只有动态资源使得 Web 应用程序区别于最初的网站，具有业务处理能力，从而称得上是应用程序。

我们需要区分一下 URI、URL 和 URN。根据 W3C 的定义，Web 上可用的每种资源——HTML 文档、图像、视频片段、程序等，由 URI（uniform resource identifier, 通用资源标识符）进行标识，而 URL 是 uniform resource locator，统一资源定位器，除了可以用来标识一个资源，而且还指明了如何访问这个资源。http://www.manning.com/files/sales/report.html 就是一个 URL，它唯一标识某资源并规定了如何访问它（即资源的网址）。其他 URI，比如：mailto: cay@horstman.com，根据该标识符无法定位任何资源。像这样的 URI 我们称之为 URN（统一资源名称），所以 URI 是一个相对来说更广泛的概念，URL 是 URI 的一种，是 URI 命名机制的一个子集，可以说 URI 是抽象的，而具体要使用 URL 来定位资源。比如后面章节中的 taglib 指令标签 <%@ taglib prefix="c" uri="http://java.sun.com/jsp/jstl/core"%>，其中的 uri 也不是一个网址 URL，只是唯一标识一个资源。

1.1.3 Web 服务器

Web 应用程序存放在 Web 服务器上。常用的 Java Web 服务器有 Tomcat（Apache 基金会）、Resin（Caucho Technology 公司），JRun （Macromedia 公司），WebLogic （BEA 公司）和 WebSphere（IBM 公司），其中 Tomcat 是由 Apache 基金会开发的一个免费的 Web 服务器。本教材采用 Tomcat 作为 Web 服务器。

每个 Web 应用程序都有一个很重要的配置文件：部署描述文件 web.xml，它包含了对 Web 应用程序的所有动态组件的描述，如这个文件对 Web 应用程序的每个 Servlet 都进行

zz 配置。Web 服务器根据 web.xml 对 Web 应用程序的 Web 组件初始化，使得它们可以被客户端访问。

1.2 理解 HTTP 协议

Web 应用程序的客户端和服务器通过 HTTP 协议进行通信。HTTP 协议是基于请求-响应的无状态协议。客户端发送 HTTP 请求到服务器端请求资源，服务器端通过 HTTP 响应返回请求的资源，如图 1.1 所示。客户端打开一个连接并发送一个 HTTP 请求消息；客户端接收服务器端发送的 HTTP 响应并关闭连接，即一旦回答了请求，服务器就关闭连接，在客户端和服务器上没有存储连接信息，所以 HTTP 是无状态协议。

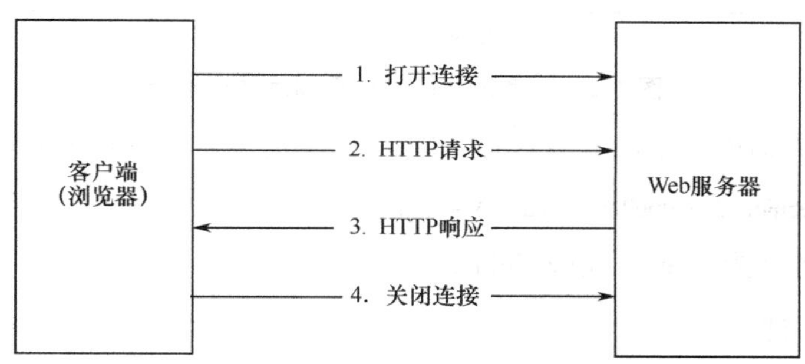

图 1.1 HTTP 协议

在 Internet 中，浏览器就是 HTTP 客户端，Web 服务器是 HTTP 服务器，资源就是 HTML（JSP、ASP 或 PHP）页面、图片文件、Servlet 等。

1.2.1 HTTP 请求消息格式

客户端发送给服务器端的 HTTP 消息叫 HTTP 请求消息，本节介绍 HTTP 请求消息格式。

客户端发送的请求消息为文本流，由以下内容组成：

- 请求行（initial line 或 request line）。该请求消息的第一行称为请求行，包括方法字段、URI 字段、HTTP 版本字段。
- 头部行（Header lines）。请求行后续各行都称为头部行。
- 空白行（Blank line）。表示请求结束。
- 附属体（data）。用于 POST 方法。

```
GET /reports/sales/index.html HTTP/1.1
Host:localhost:8080
User-agent:Mozilla/5.0
```

Accept-language:zh-cn
（额外的回车符和换行符）

上面这个消息是用 GET 方法，表示向服务器请求资源，/reports/sales/index.htm 为请求的资源的本地路径，HTTP/1.1 说明浏览器正在使用的是 HTTP 协议版本。

请求行的方法字段有若干个值可供选择，包括 GET、POST 等，下面分别介绍。

1. GET 方法

HTTP 请求消息绝大多数使用 GET 方法，这是浏览器用来请求资源的默认方法，所请求的资源就在 URL 字段中指定，如果是动态资源，其需要的参数通过在 URL 后增加查询字符串（又叫请求参数）来传递。图 1.2 为传递 userid 参数值 john 的请求行。

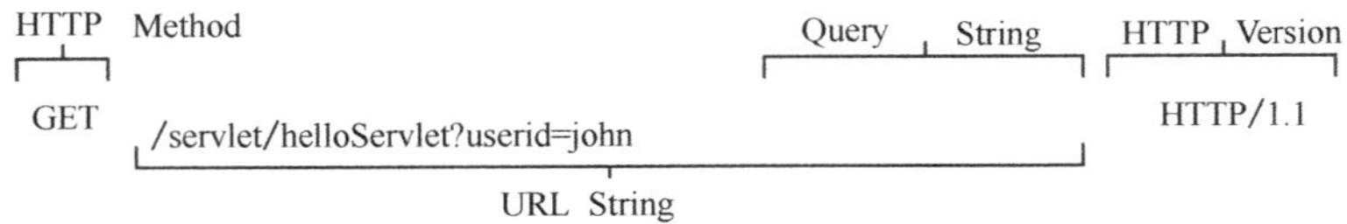

图 1.2 传递 userid 参数值 john 的请求行

请求行问号？后面的字符串为请求字符串，它是由&号隔开的名称值对。如：

```
name1=value1&name2=value2&…&nameM=valueM
```

图 1.2 中参数名为 userid，值为 john。

2. HEAD 方法

HEAD 方法与 GET 方法类似，两者的差别只是服务器在对 HEAD 方法的响应消息中去掉了所请求的对象，其他内容则与对 GET 方法的响应消息一样。HEAD 方法通常用于 HTTP 服务器软件开发人员进行调试。

3. POST 方法

POST 方法用于向服务器的动态资源发送待处理的数据，动态资源由请求行 URI 字段指定，而数据则通过附属体来传递。POST 方法适用于需由用户填写表单的场合，用户提交表单后，浏览器就像用户单击了超链接那样仍然从服务器请求一个 Web 页面，不过该页面的具体内容却取决于用户填写在表单各个字段中的值。如果浏览器使用 POST 方法提出该请求，那么请求消息附属体中包含的是用户填写在表单各个字段中的值。图 1.3 为提交表单产生的 POST 请求消息，其中 ContentLength 的值为 data 字段的长度。

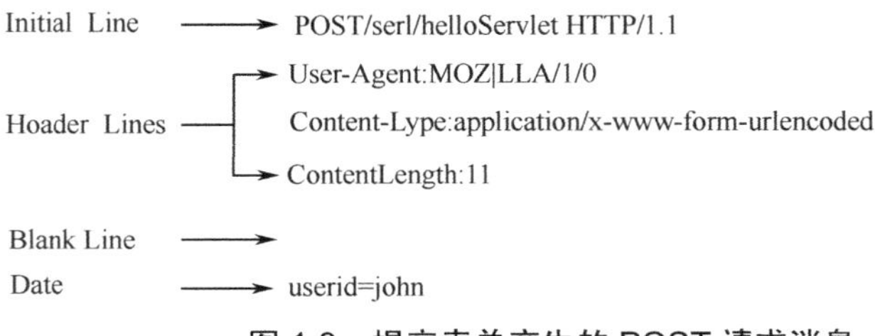

图 1.3 提交表单产生的 POST 请求消息

可见 POST 消息参数的传递不在请求行，而在附属体 Data 中，所以在地址栏中看不到提交的数据信息，并且使用 POST 方法提交数据，没有数据量的限制。虽然 GET 方法是浏览器默认的提交方法，但是我们编写程序的时候，出于对数据的安全性考虑，在没有明确要求用 GET 方法提交数据的时候，尽可能使用 POST 方法，这样做有 2 点好处：一是增加安全性，因为请求数据在地址栏内不可见；二是不用考虑数据容量的问题，因为 POST 请求提交的数据在理论上没有长度的限制，而有些浏览器和服务器对请求字符串长度有限制（不能超过 255 个字符）。

1.2.2 HTTP 响应消息格式

服务器端返回给客户端的 HTTP 消息叫 HTTP 响应消息。HTTP 响应消息的第一行（initial line）叫状态行（status line）。状态行有 3 个字段:协议版本字段、状态码字段、原因短语字段。

下面是一个典型的 HTTP 响应消息:

```
HTTP/1.1 200 0K
    Connection:close
    Date: Thu, 13 Oct 2005 03:17:33 GMT
    Server: Apache/2.0.54 （Unix）
    Last—Nodified:Mon,22 Jun 1998 09;23;24 GMT
    Content—Length:682l
    Content—Type:text/html

    （数据 数据 数据 数据 数据……）
```

这个响应消息分为 3 部分：1 个起始的状态行（status line），6 个头部行、1 个包含所请求对象本身的附属体。本例的状态行表明，服务器使用 HTTP/1.1 版本，响应过程完全正常（也就是说服务器找到了所请求的对象，并正在发送）。

1.3 Java Web 应用开发技术

1.3.1 静态网页开发技术

Java Web 应用开发常用的静态网页开发技术包括：

- HTML 语言
- 美化网页的 CSS
- 增加客户端处理能力的 JavaScript
- 提供良好用户体验的 AJAX

HTML（Hyper Text Markup Language，超文本标记语言）通过使用很多标签来描述网页。浏览器就是按照 HTML 标签的语义规则把 HTML 代码翻译成漂亮的网页的。

用户界面的美观对于软件系统来说是很重要的，CSS（Cascading Style Sheets，层叠样式表，也就是通常所说的样式表）就是增强用户页面的技术，确切地说，是一种美化网页的技术。通过使用 CSS，可以方便、灵活地设置网页中不同元素的外观属性，通过这些设置可以使网页的外观达到一个更高的水准。

JavaScript 脚本在浏览器端运行，可以完成一些与用户的互动，如验证用户输入的字符串中是否包含“@”符号，来判断用户输入的 E-mail 地址是否有效，不用发送到服务器端处理，从而可减轻网络和服务器的负担。

AJAX（Asynchronous JavaScript and XML，异步 JavaScript 和 XML）是指一种创建交互式网页应用的网页开发技术，其核心是 JavaScript 对象 XmlHttpRequest。XmlHttpRequest 是一种支持异步请求的技术，可在不重载页面的情况下与 Web 服务器交换数据。在 AJAX 技术没有出现以前，Web 应用程序最不能让用户满意的地方是其提交请求后漫长的等待时间，尤其是在大量用户同时访问服务器的时候，而且其单调笨拙的用户界面，也让用户感到遗憾。AJAX 可以使网页只刷新变动的部分，能够快速响应用户请求，为用户提供不因页面刷新而中断的连续用户体验，还有类似于 google 的自动补全功能，可使用户获得更佳的用户体验。DOJO 和 JQuery 是常用的 AJAX 框架，它们使 AJAX 开发更加轻松。

1.3.2 动态网页开发技术

Java 动态网页开发技术有 Servlet 和 JSP。

Servlet 程序实际上就是用 Java Servlet API 开发的 Java 程序。Servlet 具有 Java 程序所具有的优点：跨平台、安全。Servlet 的缺点在于它的页面显示和业务逻辑没有分离，编写难度较大。

JSP（Java Server Pages）是由 Sun Microsystems 公司倡导、许多公司参与一起建立的一种动态网页技术标准，是对 Servlet 的简化。在 HTML 文件中加入 Java 程序片段和 JSP 标签，就构成了 JSP 页面。虽然 JSP 具有页面显示和业务处理混杂的情况，但是 JavaBean 的出现，以及 JSTL 的使用，很好地解决了这个问题，所以 JSP 是比较常用的动态网页技术，我们在后面的章节中将会详细介绍该技术。

1.3.3 SSH 框架——Java 轻量级企业应用解决方案

Java EE 是为了企业应用而提供的分布式、高可靠性的解决方案。以前的 JavaEE 应用使用 EJB 作为核心，门槛高，入门难，开发成本和部署成本都很高，这大大限制了它的使用。Struts、Spring、Hibernate 这些轻量级解决方案（简称为 SSH 框架）的出现，改变了这个局面。

Struts 是 MVC 设计模式的一个优秀实现，是最早的 Java 开源框架之一，也是现在 Java Web 框架的事实标准。MVC 是一种流行的软件设计模式，它把系统分为 3 个部分：模型 Model、视图 View 与控制器 Controller，使数据与显示分离，提高系统的可扩展性及可维护性。Struts 定义了通用的 Controller，通过配置文件（如 struts.xml）隔离 Model 和 View，以 Action 的概念对用户请求做了封装，使代码更清晰易读。Struts 还提供了自动将请求的数据填充到对象中以及页面标签等简化编程的工具。Struts 使开发大型 Web 项目成为可能。

Spring 也是一个开源框架，是为简化企业级应用系统开发而推出的，通过使用 Spring，可以用简单的 Java Bean 实现以前只能用 EJB 才能完成的任务。

Hibernate 是一个开放源代码的对象关系映射框架，它对 JDBC 进行了非常轻量级的对象封装，使得 Java 程序员可以随心所欲地使用对象编程思维来操纵数据库，大大简化了数据访问烦琐的重复性代码，提高了开发效率。类似的框架还有 ibatis。ibatis 和 Hibernate 的区别就在于程序员需要写完整 SQL 语句，这意味着可以通过高度优化的 SQL 语句（或存储过程）提高系统性能，当然前提是需要精通 SQL 优化技术。

1.4 Servlet

Servlet 是一种动态 Web 组件技术，Servlet 程序实际上就是用 Java Servlet API 开发的遵循某种规范的、在服务器端运行的 Java 程序，可以在支持 Java 的 Web 服务器上运行。

Web 服务器中加载和运行 Servlet 的模块叫 Servlet 容器或 Servlet 引擎。如图 1.4 所示，浏览器发送请求给 Web 服务器，如果请求的是静态页面，Web 服务器将直接返回该页面。如果请求的是 Servlet，则 Web 服务器转发请求给 Servlet 容器，Servlet 容器再调用相关 Servlet 处理该请求，动态产生页面代码返回。

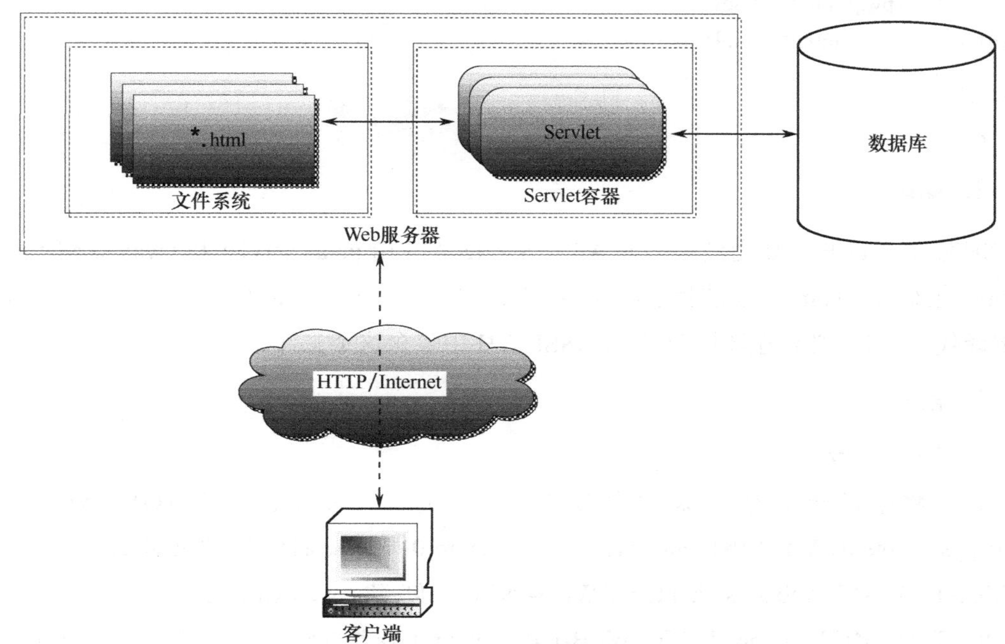

图 1.4 带有 Servlet 容器的 Web 应用程序

本教材采用 Tomcat 作为 Servlet 容器和 Web 服务器。为了简化，后面都用 TOMCAT_HOME 表示 Tomcat 的安装目录（文件夹）。

本节以编写一个问候用户的页面为例，说明开发和运行 Servlet 的过程。

1．编码

HelloWorldServlet.java 的代码如下：

代码1-1：HelloWorldServlet.java

```
import java.io.*;
import javax.servlet.*;
import javax.servlet.http.*;
public class HelloWorldServlet. extends HttpServlet{
    public void service(HttpServletRequest request,HttpServletResponse response)throws ServletException, IOException{
        String userName = request.getParameter（"userName"）;//获得请求参数的值
        PrintWriter pw = response.getWriter();//获得对浏览器的输出对象
        pw.println("<html>");
        pw.println("<head>");
        pw.println("</head>");
        pw.println("<body>");
        pw.println("<h3>Hello " + userName + "</h3>");
        pw.println("</body>");
        pw.println("</html>");
    }
}
```

2．编译

编写 Servlet 程序要用到 Servlet API。Servlet API 由 javax.servlet 和 javax.servlet.http 2 个 Java 包组成。Tomcat 安装目录\common\lib\下的 servlet-api.jar 文件包含了这 2 个包，为了编译代码 1-1，必须在环境变量 CLASSPATH 中包含这个文件。

3．部署

部署包括 2 步：

首先将编译产生的 class 文件复制到指定的文件夹（这里是 TOMCAT_HOME\Webapps\chapter01\WEB-INF\classes，其中 chapter01 是我们创建的文件夹），然后在 TOMCAT_HOME\Webapps\chapter01\WEB-INF\ 下创建 web.xml 文件（可以复制 TOMCAT_HOME\Webapps\ROOT\WEB-INF\web.xml 修改得到），在其中配置 Servlet，这样 Tomcat 就可以找到这个 Servlet 了。配置好 Servlet 的 web.xml 代码如下。

代码1-2：web.xml

```
<?xml version="1.0" encoding="UTF-8"?>
<Web-app xmlns="http://java.sun.com/xml/ns/JavaEE"
xmlns:xsi="http://www.w3.org/2001/XMLSchema-instance"
xsi:schemaLocation="http://java.sun.com/xml/ns/JavaEE
http://java.sun.com/xml/ns/JavaEE/Web-app_2_4.xsd"
version="2.4">
    <servlet>
        <servlet-name>HelloWorldServlet</servlet-name>
        <servlet-class>HelloWorldServlet</servlet-class>
    </servlet>
     <servlet-mapping>
        <servlet-name>HelloWorldServlet</servlet-name>
         <url-pattern>/HelloWorldServlet </url-pattern>
     </servlet-mapping>
</Web-app>
```

4．执行

通过快捷方式或双击 Tomcat 安装目录\bin\startup.bat 启动 Tomcat，打开浏览器在地址栏中录入：http://localhost:8080/chapter01/ HelloWorldServlet?userName=John，浏览器窗口中将显示“Hello John”。用户的名字通过 URL 传递给 HelloServlet，其 service()方法会将其作为产生的 HTML 代码的一部分返回给浏览器。只要在地址栏中改变用户名称，不须修改程序，就会产生问候不同用户的页面。

1.5　JSP

JSP（Java Server Pages）是 Sun 公司推出的另一项动态 Web 组件技术。JSP 网页就是嵌入 Java 代码的 HTML 文档，不过文件名后缀是 .jsp。当浏览器向 Web 服务器提出 JSP 的请求时，Web 服务器首先调用 JSP 引擎，JSP 引擎把 JSP 转换成一个 Servlet，Servlet 输出 JSP 中的 HTML 部分，同时执行 JSP 文件中嵌入的所有 Java 代码。

同是服务器端的动态 Web 组件技术，JSP 有许多 Servlet 没有的优点：

- JSP 编程相对比较容易。
- JSP 创建的动态网页，用 HTML 描述静态部分，用 Java 代码产生动态内容，可以让 Web 设计人员设计 HTML 画面，Web 开发人员编写动态内容，如业务逻辑，这提高了质量和产量。
- JSP 是自动编译的，修改后，其对应的 Servlet 会被 Servlet 引擎自动装载，不用重新编译和加载，调试比较方便。

为了说明 JSP 的优势，我们用 HTML 和 JSP 也编写一个问候用户的页面。

代码1-3：greeting.html

```
<html>
    <body>
        <h3>Hello User</h3>
    </body>
</html>
```

将 greeting.html 复制到 TOMCAT_HOME\ \Webapps\chapter01 下面，打开浏览器，在地址栏录入 http://localhost:8080/chapter01/greeting.html，浏览器窗口中将显示“Hello User”。如果要问候不同的用户，要重新编写一个 HTML 文件。

代码1-4：greeting.jsp

```
<html>
    <body>
        <h3>Hello ${param.userName} </h3>
    </body>
</html>
```

将 greeting.jsp 复制到 TOMCAT_HOME\ \Webapps\chapter01 下面，打开浏览器，在地址栏录入 http://localhost:8080/chapter01/greeting.jsp?userName=John，浏览器窗口中将显示“Hello John”。同样只要在地址栏中改变用户名称，不需要修改程序，也会产生问候不同用户的页面。

显然用 JSP 产生动态页面要比 servlet 简单得多。不过 Servlet 也有其优势，可以通过编写 Servlet 来扩展 Web 服务器的功能，如身份认证、授权、事务管理、流程控制等。

1.6 PetStore 项目简介

PetStore 是 SUN 公司推出的一个宠物商店系统，是学习 JavaEE 技术的一个绝好例子。后来很多开源社区又推出了它的不同轻量级版本，如 Spring 开发包中的示例程序 JPetStore，Java 开发者社区中的 Hibernate JPetStore 等，该系统的不同版本是世界各地优秀程序员智慧的结晶，所以本教材选择该系统作为案例，让学生在实现该系统的过程中掌握 Java Web 应用系统开发技术，获得软件开发经验。

PetStore 提供了网上商城系统所必需的功能：用户身份认证、商品信息列表、选购商品、下订单等，围绕这些功能，系统的设计分为以下 4 个部分：

- 宠物分类展现和宠物查找模块（我们在后面都称作 catalog 模块），供用户浏览、查找并选购宠物。

- 购物车模块（我们在后面都称作 cart 模块），供用户查看购物车的情况，并做是否购买的选择。
- 账户模块（我们在后面都称作 account 模块），为用户提供注册和登录功能。
- 订单模块（我们在后面都称作 order 模块），供用户管理自己的订单。

本教材选择前三个模块（catalog、cart 和 account）来讲解 HTML、CSS、JDBC、JSP、JSTL、EL、JavaBean 以及 JavaEE 轻量级框架技术 Spring、Struts2 和 Hibernate。

作　业

一、选择题

1．记事本程序属于________。

A．单机版　　B．B/S 架构　　C．C/S 架构　　D．以上都不是

2．QQ 属于________。

A．单机版　　B．B/S 架构　　C．C/S 架构　　D．以上都不是

3．建行的个人网上银行属于________。

A．单机版　　B．B/S 架构　　C．C/S 架构　　D．以上都不是

4．静态网页的 HTML 代码在放置到 Web 服务器后________。

A．不再发生任何更改

B．随着用户不同，会发生变化

C．随着用户请求时间不同，会发生变化

D．以上都不对

5．动态网页与静态网页之间的区别在于________。

A．静态网页是已经存在的 HTML 文件，而动态网页是服务器端根据情况动态生成的

B．动态网页是已经存在的 HTML 文件，而静态网页是服务器端根据情况动态生成的

C．静态网页是已经存在的 ASP 文件，而动态网页是已经存在的 JSP 文件

D．以上都不对

二、是非题

1．Web 应用程序只须要开发服务器端的功能代码和网页文件，开发好后部署到 Web 服务器中就可以了。（　　）

2．通过使用 JavaScript，可以方便、灵活地设置网页中不同元素的外观属性。（　　）

3．Struts、Spring 和 Hibernate 是 Java 轻量级企业应用解决方案。（　　）

任务 1　开发 1 个简单的个人网站

一、任务说明

通过开发 1 个简单的静态网站并在此基础上增加动态的内容，让学生深刻理解 B/S 架构，体验 Web 应用程序特殊的开发流程，获取一些经验。具体包括：

（1）开发 1 个简单的个人主页，了解 Web 应用程序的部署过程。

（2）为个人主页增加动态内容，了解动态网页的实现方式。

二、开发环境准备

（1）Java 开发包 JDK,推荐使用 JDK6，可从 oracle 官方网站免费下载。

（2）Web 服务器 Tomcat，推荐使用 Tomcat 5.5.26.，可从 http://tomcat.apache.org/download-55.cgi 免费下载，其中 apache-tomcat-5.5.26.zip 为解压版的，apache-tomcat-5.5.26.exe 为安装版的。

三、完成过程

下面的过程中 TOMCAT_HOME 代表 Tomcat 的安装路径。

1．开发一个简单的静态个人网页。

（1）在 TOMCAT_HOME\Webapps 下建立子文件夹 task1。

（2）在记事本中录入以下代码并以文件名 index.html 保存到 TOMCAT_HOME\Webapps\task1 下。

```
<H1>Good Day !</H1>
<P>Welcome to my home page. Please don't run away!</P>
<HR>
<P>
Email me:
<A HREF="mailto:Webmaster@myWebsite.com">Webmaster@myWebsite.com</A>
</P>
```

（3）启动 Tomcat 服务器。

（4）打开浏览器，在地址栏中录入 http://localhost:8080/task1/index..html（目录和文件名大小写一定要一致），查看是否出现如图 1.5 的所示页面效果。

（5）如果不对，可以检查代码，修改后再重复（4）。

2．用 JSP 开发一个带登录时间的个人主页。

（1）在记事本中录入以下代码并以文件名 index.jsp 保存到 TOMCAT_HOME\Webapps\task1 下。

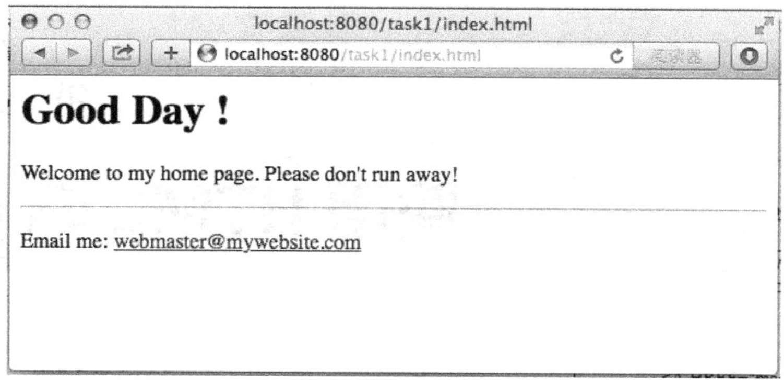

图 1.5　index.html 页面效果

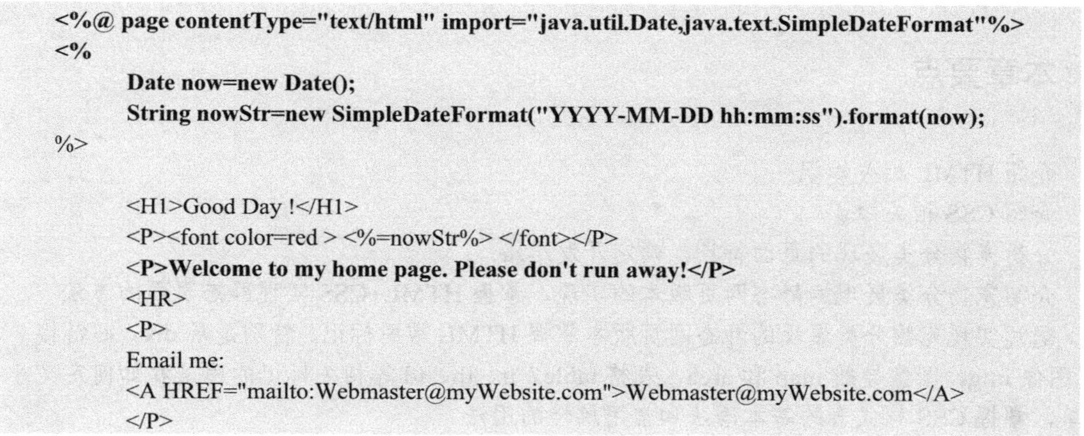

```
<%@ page contentType="text/html" import="java.util.Date,java.text.SimpleDateFormat"%>
<%
        Date now=new Date();
        String nowStr=new SimpleDateFormat("YYYY-MM-DD hh:mm:ss").format(now);
%>

        <H1>Good Day !</H1>
        <P><font color=red > <%=nowStr%> </font></P>
        <P>Welcome to my home page. Please don't run away!</P>
        <HR>
        <P>
        Email me:
        <A HREF="mailto:Webmaster@myWebsite.com">Webmaster@myWebsite.com</A>
        </P>
```

（2）打开浏览器，在地址栏中录入 http://localhost:8080/task1/index.jsp（目录和文件名大小写一定要一致），并刷新页面 3 次，查看时间是否发生变化，如图 1.6 所示。

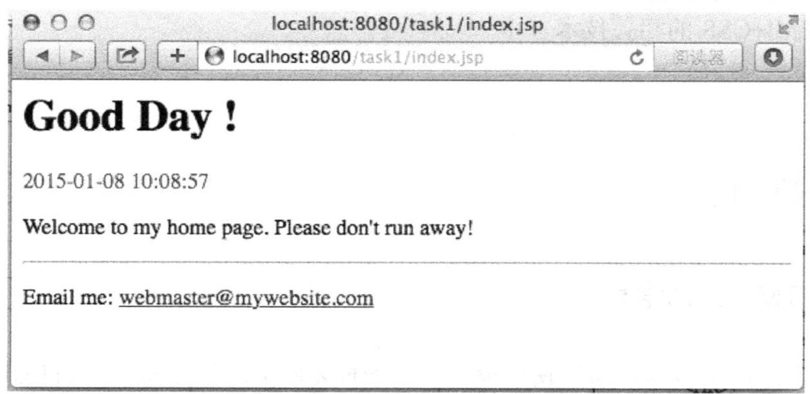

图 1.6　index.jsp 页面效果

（3）如果不对，可以检查代码，修改后再重复（2）。

3．编写一个 Servlet（名为 ShowHomepageServlet）实现带登录时间的个人主页，页面效果同 index.jsp。

第2章 使用 HTML 与 CSS

本章要点

介绍 HTML 相关知识
介绍 CSS 相关知识
分析宠物分类展现的页面特点，确定开发思路
介绍宠物分类展现的静态网页版本的实现，掌握 HTML+CSS 实现静态页面的方法
通过实现宠物分类展现的静态网页版本掌握 HTML 常用标记，特别是层 div，超链接 a，图像 img，图像导航 map 和 area，表格 table、tr、th、td 等相关标记的用法和如何定义表单，掌握 CSS 样式表的基本语法和常用属性的用法

PetStore 的宠物分类展现部分通过实现宠物信息的展示，为用户提供宠物信息浏览功能。本章将介绍这部分功能的第一个版本——静态网页版本的实现。通过这部分的实现，让读者掌握 HTMl+CSS 的相关技术。

2.1 HTML

2.1.1 HTML 文档结构

HTML 是静态网页技术，通过使用很多标签来描述网页。浏览器按照 HTML 标签的语义规则把 HTML 代码翻译成漂亮的网页。

以下为 simple.html 的代码：

```
<HTML>
<HEAD>
```

```
<TITLE>最简单的 HTML 文档 </TITLE>
</HEAD>
<BODY>
    Hello World
</BODY>
</HTML>
```

simple.html 是一个简单的 HTML 文档，图 2.1 为其页面效果。该文档包含了最基本的 HTML 文档结构：

- 在<HTML>与</HTML>之间放置了 HTML 文档的所有内容。
- <HEAD>至</HEAD>为 HTML 文档的开头部分，开头部分用以存载重要信息。
- <TITLE>和</TITLE>只可出现于开头部分，<TITLE>和</TITLE>之间的文本表示的是在标题栏中显示的内容，在标题栏中会显示“最简单的 HTML 文档”。
- <BODY>至</BODY>为 HTML 文档的文本部分，文本部分是实际要显示的内容，如图 2.1 所示，simple.html 在浏览器中会显示“Hello World”

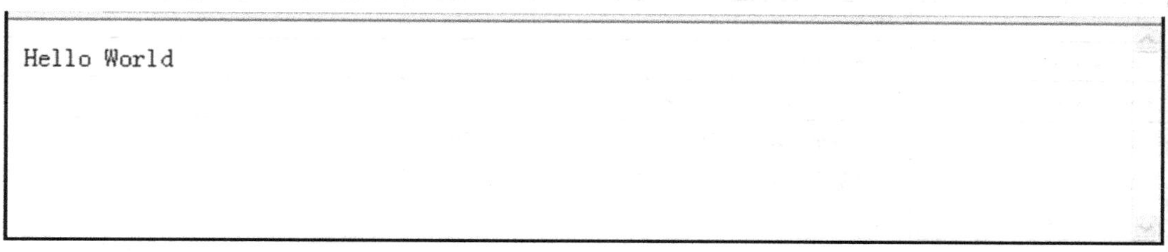

图 2.1 最简单的 HTML 文档

2.1.2 HTML 标记的公共属性

HTML 标记通过设置属性来进一步控制显示的效果。表 2.1 列出了所有标记都有的公共属性及其所起的作用。

表 2.1 HTML 标记的公共属性

属 性	作 用
class	指明 HTML 标记所属的类
id	在文档中用 id 唯一地标识该标记
name	为标记命名，该名称可以在 JavaScript 或其他脚本程序中引用
style	指明标记使用的样式

2.1.3 HTML 常用标记

HTML 常用标记如表 2.2 所示。

表 2.2　HTML 常用标记

标　记	功　能	说　明
<html> </html>	创建一个 HTML 文档	
<head> </head>	设置文档标题和其他在网页中不显示的信息	
<title> </title>	设置文档的标题	
<h1> </h1>	最大的标题	还有<h2> </h2>,<h3> </h3>,<h4> </h4>, <h5> </h5>,<h6> </h6>
<pre> </pre>	预先格式化文本	
<u> </u>	下画线	
<b> </b>	黑体字	
<i> </i>	斜体字	
<font size="" color=""> </font>	设置字体大小从 1 到 7，颜色使用名字或 RGB 的十六进制数值	
<p> </p>	创建一个段落	
<p align="">	将段落按左、中、右对齐	
 	插入一个回车换行符	
<ol> </ol>	创建一个标有数字的列表	
<ul> </ul>	创建一个标有圆点的列表	
<li>	放在每个列表项之前，若在<ol> </ol>之间则每个列表项加上一个数字，若在<ul> </ul>之间则每个列表项加上一个圆点	
<div > </div>	用来排版大块 HTML 段落，也用于格式化表	
<hr >	水平线（设定宽度）	◆ size="..."设置线条粗细 ◆ width="..." 设置线条占据宽度 ◆ color="..."设置线条颜色
<center> </center>	水平居中	
<a href="URL"> </a>	创建超文本链接	◆ target="..."决定链接源在什么地方显示（可以是用户自定义的名字，_blank,_parent,_self,_top） ◆ rel="..."发送链接的类型 ◆ rev="..."保存链接的类型 ◆ accesskey="..."指定该元素的热键 ◆ shape="..."允许使用已定义的形状定义客户端的图形镜像（default，rect，circle，poly） ◆ coord="..."使用像素或者长度百分比来定义形状的尺寸 ◆ tabindex="..."使用定义过的 tabindex 元素设置在各个元素之间的焦点获取顺序（使用 tab 键使元素获得焦点）
<a name="name"> </a>	创建位于文档内部的书签	
<a href="#name"> </a>	创建指向位于文档内部书签的链接	

续表

标　记	功　能	说　明
<img>	在网页中插入图像或视频片断	当使用 img 标记显示静态图像时，用 src 标记属性指定图像文件的 url。当使用 img 标记显示视频片断时，用 dynsrc 标签属性指定 url
<map> </map>	包含一组定义图像中链接区域的 area 元素	map 对象由 img 标记的 usemap 属性引用
<area coords=" " shape=" " url=" ">	定义图像中链接区域的形状、坐标和关联 URL	
<table> </table>	创建一个表格	
<tr> </tr>	创建表格的一行	
<td> </td>	创建表格的某行的一个单元格	
<th> </th>	创建表格的表头，表头的字是粗体显示的	
<table cellspacing="">	设置表格格子之间空间的大小	
<table border="">	设置边框的宽度	
<table cellpadding="">	设置表格格子边框与其内部内容之间空间的大小	
<table width="">	设置表格的宽度。用绝对像素值或总宽度的百分比	
<table align="">	设置表格格子的水平对齐方式（left,center,right,justify）	
<tr align="">	设置表格格子的水平对齐方式（left,center,right,justify）	
<tr valign="">	设置表格格子的垂直对齐方式（baseline,bottom,middle,top）	
<td colspan="">	设置一个表格格子跨占的列数（默认值为 1）	
<td rowspan="">	设置一个表格格子跨占的行数（默认值为 1）	

2.1.4 HTML 表单

Web 应用程序通常使用表单来获取用户的输入，所以非常重要。创建表单分为以下 2 步。

（1）使用标记<FORM>和</FORM>来定义表单，其基本语法结构如下：

```
<FORM  ACTION＝url
       METHOD=get|post
       NAME＝value
       ONRESET=function
       ONSUBMIT＝function
       TARGET=window>
</FORM>
```

ACTION、METHOD、NAME、ONRESET、ONSUBMIT 和 TARGET 定义了表单的属性，在定义表单时，这些属性都是可选的。其中：

- ACTION 属性非常重要，其指明了表单提交时执行的动作，通常是一个服务器端脚本程序的 URL，比如 IncludedTop.html 里的../shop/searchProducts.shtml。这个 URL 一定不要错，否则将无法转向处理程序，出现“无法显示网页”错误。

- METHOD 属性也非常重要，表示发送表单时的 HTTP 方法（见 1.2.1 节），可能的值是 post 和 get，默认是 get。get 的方式是将表单域的 name/value 信息经过编码之后，通过 URL 发送（用户可以在地址栏里看到），而 post 则将表单的内容通过 http 发送，用户在地址栏看不到表单的提交信息，并且使用 get 方式发送信息时有 255 字符的限制。那什么时候用 get，什么时候用 post 呢？一般是这样来判断的：如果只是为取得和显示数据，而且数据量不大，用 get；一旦涉及数据的保存和更新，那么建议用 post。
- NAME 属性表示表单名称。
- ONSUBMIT 和 ONRESET 指出单击“提交”按钮和“重置”按钮时执行的脚本代码。
- TARGET 用来指定显示表单结果的目标窗口或框架。

（2）在表单中创建表单域（或字段）。

要定义一个有用的表单还必须在<FORM>和</FORM>之间通过其他标记定义文本框、单选框、复选框、按钮和列表框等获取用户输入的表单域，通过这些表单域，用户可以输入文字信息或者从选项中选择，以及进行提交的操作，实现客户端与服务器端的交互。

HTML 表单（Form）的常用表单域有：

- input type="text"：单行文本输入框。
- input type="submit" ：提交按钮，将表单（Form）里的信息提交给表单里 action 所指向的文件。
- input type="checkbox" ：复选框。
- input type="radio" ：单选框。
- select ：下拉框。
- textArea ：多行文本输入框。
- input type="password" ：密码输入框（输入的文字用*表示）。

2.2 CSS

CSS 的全称是 Cascading Style Stheets，中文翻译过来就叫做层叠样式表，又叫级联样式表，简称样式表。使用 CSS 使 HTML 更好维护，能简化 HTML 文档，还能提供更强大的格式化手段。

2.2.1 CSS 分类

CSS 按其位置可以分成 3 种：

- 内嵌样式，写在标记里面通过 style 属性设置，如

```
<P style="font-size:20pt; color:red"></p>
```

这个 style 定义</p>里面的文字是 20pt 字体，字体颜色是红色。

- 内部样式表，写在 HTML 的<head></head>里面，需要使用 style 标记，如：

```
<HTML>
    <HEAD>
        <STYLE type="text/css">
        H1.mylayout {border-width:1; border:solid; text-align:center; color:red}
        </STYLE>
    </HEAD>
    <BODY>
        <H1 class="mylayout"> 这个标题使用了 Style。</H1>
        <H1>这个标题没有使用 Style。</H1>
    </BODY>
</HTML>
```

- 外部样式表。如果很多网页需要用到同样的样式，将样式写在一个以.css 为后缀的 CSS 文件里，然后在每个需要用到这些样式的网页里使用<link>标签引用这个 CSS 文件（如 Jpetstore.css）即可。本教材宠物商城项目就采用这种方式。

浏览器默认的样式优先级依次是内嵌，内部，外部。假设内嵌样式中有 font-size:30pt, 而内部样式中有 font-size:12pt，那么内嵌式样式 font-size:30pt 就会覆盖内部样式 font-size:12pt。

2.2.2　CSS 的语法

一个样式的语法由三部分构成：选择器（Selector）、属性（Property）和属性值（Value），如图 2.2 所示。其中，P 就是选择器，color 就是属性，red 就是属性值。

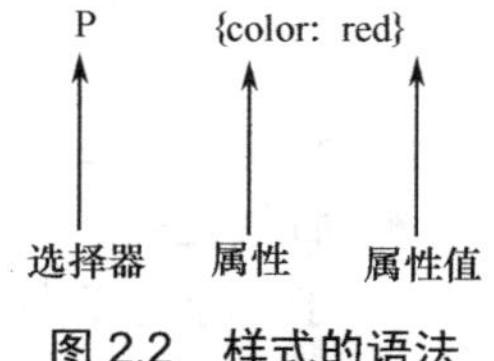

图 2.2　样式的语法

如果想为 Style 加多个属性，在两个属性之间要用分号加以分隔。下面的 Style 就包含 2 个属性，一个是对齐方式居中，一个字体颜色为红，当中用分号分隔开。

```
p {text-align:center;color:red}
```

为了提高 Style 代码的可读性，也可以分行写：

```
p{

    text-align: center;
    color: black;
    font-family: arial
}
```

本教材采用的案例系统的样式文件 jpetstore.css 就是采用分行写的方式。

2.2.3 CSS 的选择器

CSS 中最常用的有 5 类选择器。

- 标记选择器：HTML 中所有的标记。
- id 选择器：即使用标记的 id 属性值前面加上#作为选择器，如宠物商城中的层<div id=" Footer ">，然后在样式表中定义样式。

```
#Footer {
      width: 99%;
      float:left;
      background-color: #000
}
```

- 类别（class）选择器：在 CSS 里用一个点开头表示类别选择器定义。类别选择器可以为相同的 HTML 标记设置不同的样式。比如说，希望段落<p>有两种样式：一种是居中对齐，一种是居右对齐。可以写如下样式：

```
p.center {text-align:center}
p.right {text-align:right}
```

其中 center 和 right 就是两个 class。可以引用这两个 class，示例代码如下：

```
<p class="center">这一段居中显示。</p>
<p class="right">这一段是居右显示。</p>
```

- 群组选择器：当几个元素样式属性一样时，可以共同调用一个声明，元素之间用逗号分隔。如：

```
h1,h2,h3,h4,h5,h6 {
      color: red
}
```

上面的例子是将所有正文标题(<h1>到<h6>)的字体颜色都变成红色。

- 后代选择器：后代选择器也叫派生选择器。可以使用后代选择器给一个元素里的子元素定义样式，例如宠物商场样式文件 jpetstore.css 中：

```
#Menu a {
        color: #eaac00;
        text-decoration: none
}
```

- #Menu a 表示为 Menu 层中的超链接（a）定义颜色和下画线样式。

2.2.4 CSS 的伪类

CSS 中用四个伪类：a:link、a:visited、a:hover 和 a:active 来定义链接的样式，分别定义“链接、已访问过的链接、鼠标停在上方时、单击鼠标时”的样式。如：

```
a:link{font-weight : bold ;text-decoration : none ;color : #c00 ;}
a:visited {font-weight : bold ;text-decoration : none ;color : #c30 ;}
a:hover {font-weight : bold ;text-decoration : underline ;color : #f60 ;}
a:active {font-weight : bold ;text-decoration : none ;color : #F90 ;}
```

以上语句分别定义了“链接、已访问过的链接、鼠标停在上方时、单击鼠标时”的样式。注意，必须按以上顺序写，否则显示可能和你预期的不一致。记住它们的顺序是“LVHA”(Link,Visited,Hover,Active)。

2.2.5 CSS 的盒子模式

为了能更好地理解 CSS 的属性，需要理解 CSS 中盒子模式（box model）的概念。如图 2.3 所示，黑框包围的一个方块，就是一个盒子（box），对应定义样式的区域。

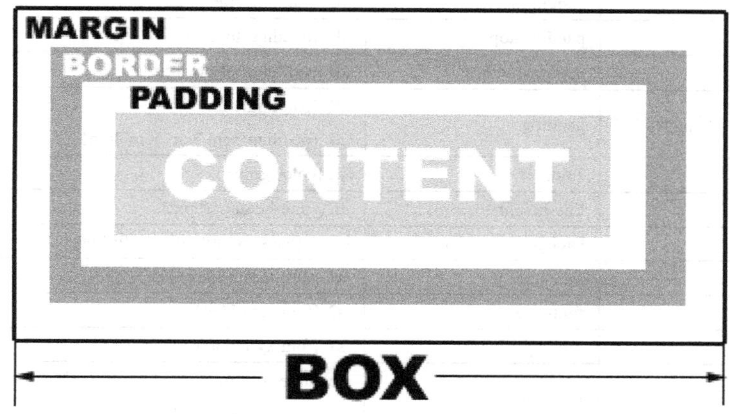

图 2.3 盒子模式示意图

盒子里由外至里依次是：

- margin 边距。
- border 边框。
- padding 间隙（也有人称做补丁）。
- content（内容，比如文本，图片等）。

CSS 边距属性（margin）用来设置一个元素所占空间的边缘到相邻元素之间的距离。

CSS 边框属性（border）用来设定一个元素的边线。

CSS 间隙属性（padding）用来设置元素内容到元素边框的距离。

CSS 背景属性（background）指的是 content 和 padding 区域。

CSS 属性中的 width 和 height 指的是 content 区域的宽和高。

2.2.6 CSS 的常用属性

表 2.3 为 CSS 常用属性列表。

表 2.3 CSS 常用属性

属　　性	名　　称	例
左边距属性	margin-left	.d1{margin-left:1cm}
右边距属性	margin-right	.d1 {margin-right:1cm}
上边距属性	margin-top	.d1 {margin-top:1cm}
下边距属性	margin-bottom	.d1{margin-bottom:1cm}
边距属性(以上 4 个属性的综合）	margin	.d1 {margin:1cm} .d1 {margin:1cm 2cm 3cm 4cm}
边框宽度属性	border-width	.d1 {border-width:10px;
边框风格属性	border-style	.d1 {border-style:solid;}
边框颜色属性	border-color	.d5 {border-color:gray; }
边框属性(以上 3 个属性的综合）	border	.d5 {border-color:gray;border-style:solid;}
左间隙属性	padding-left	.d1{padding-left:1cm}
右间隙属性	padding-right	.d1 {padding-right:1cm}
上间隙属性	padding-top	.d1 {padding-top:1cm}
下间隙属性	margin-bottom	.d1{padding-bottom:1cm}
间隙属性(以上 4 个属性的综合）	padding	.d1 {padding:1cm} .d1 {padding:1cm 2cm 3cm 4cm}
颜色属性	color	.p1{color:gray}
行间距	line-height	.p2{ line-height: 20px;}
背景颜色属性	background-color	body {background-color:#99FF00;}
字体名称属性	font-family	.s1 {font-family:Arial}
字体大小属性	font-size	.s2 {font-size:16pt}
字体风格属性	font-style	.s1 {font-sytle:italic}
字体浓淡属性	font-weight	<p style = "font-weight:bold">这段文字字体的浓淡属性(font-weight)值是 bold。<p>
字体属性	font	.s1 {font:italic normal bold 11pt arial}
文本对齐属性	text-align	.p2 {text-align:right}

设定文本画线的属性	text-decoration	a.Button, a.Button:link, a.Button:visited {
		padding: 3px;
		color: #fff;
		background-color: #005e21;
		text-decoration: none;
		}

文本，图片等的宽度属性	width	img{width:99%;}
文本，图片等的高度属性	height	img{ height:11px;}
漂浮属性	float	#Footer {float:left;}

表格边框样式	border-collapse	table{
		border-collapse:collapse;
		border-sapcing: 10px, 50px;
		caption-side: bottom;
		empty-cells: show;
		table-layout: auto;
		}

表格边框距离	border-spacing	
表格标题对齐	caption-side	
空单元格是否显示	empty-cells	
单元格大小自适应	table-layout	

2.3　宠物分类展现的页面及 Web 应用开发步骤

2.3.1　宠物分类展现的页面

系统的主页面展示宠物分类，如图 2.4 所示。

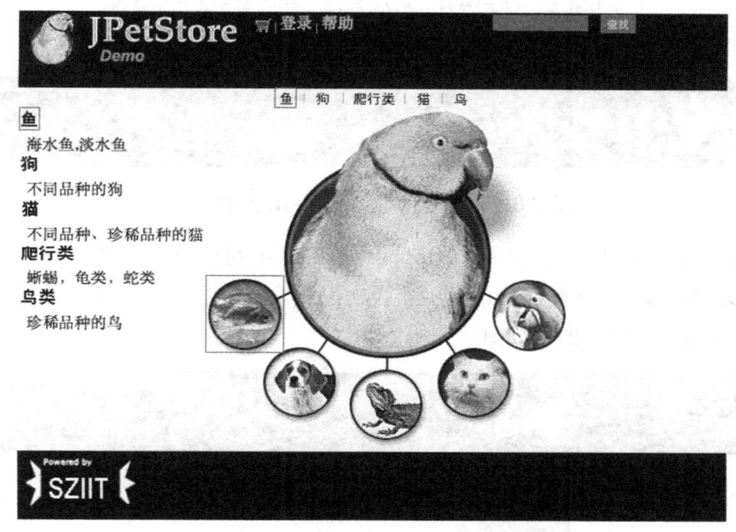

图 2.4　主页面

单击导航条、快捷菜单的相应商品分类以及相应图片链接，如鱼，将进入这类（Category）宠物的 Product 列表页面，在这个页面会列出所有此分类的产品的不同品种，如图 2.5 所示。可通过返回主菜单链接回到主页面。

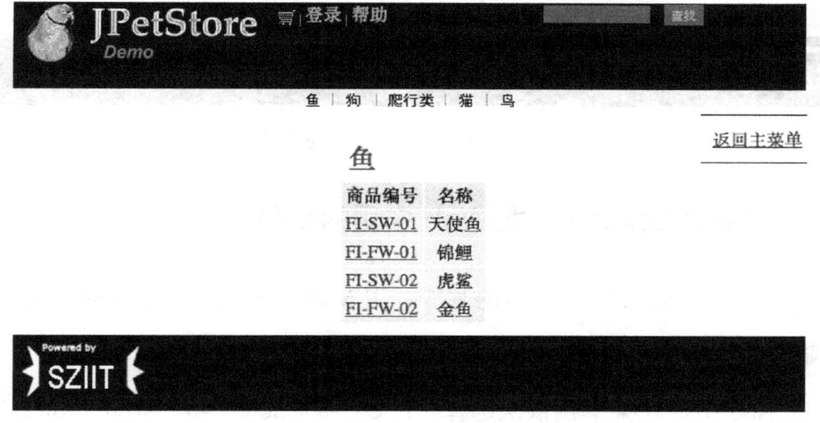

图 2.5　同一 Category 的 Product 列表页面

单击其中的一个商品编号链接，如 FI-FW-01，将进入此 Product（这里是锦鲤）的所有 Item 列表（这里是斑点锦鲤和无斑点锦鲤 2 项）页面，如图 2.6 所示。

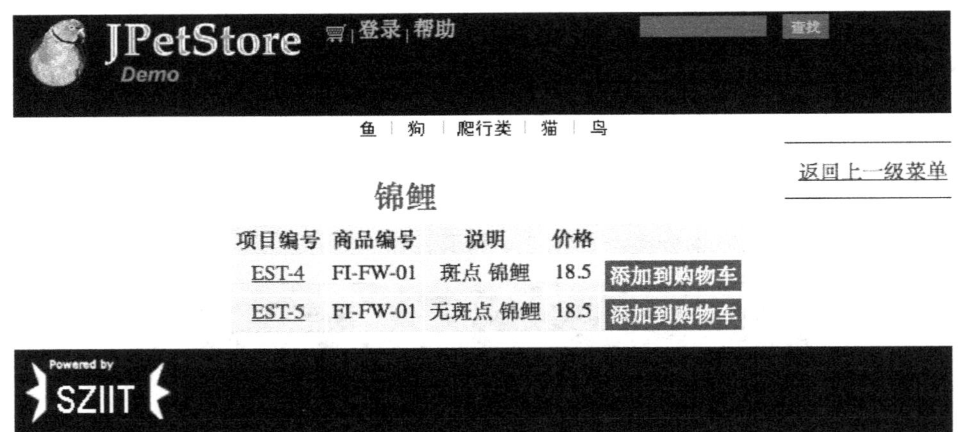

图 2.6　同一 Product 的 Item 列表页面

在 Item 列表页面单击其中的一个 Item，如 EST-4 对应的“添加到购物车”链接，可将对应 Item（这里是斑点锦鲤）加入购物车，也可单击该 Item 项目编号链接，如 EST-4 进入该 Item 的详细信息页面，如图 2.7 所示。

图 2.7　Item 的详细信息页面

2.3.2　使用 MyEclipse 开发 Web 应用的步骤

MyEclipse 是开发 Java Web 项目的利器。用 MyEclipse 开发 Web 应用的步骤如下。

1. 创建一个 Web 项目

在 MyEclipse 中，在菜单栏依次选择“File”→“new”→“Web Project”启动 Web 项目创建向导，可以很容易地创建一个 Web 项目，如图 2.8 所示。

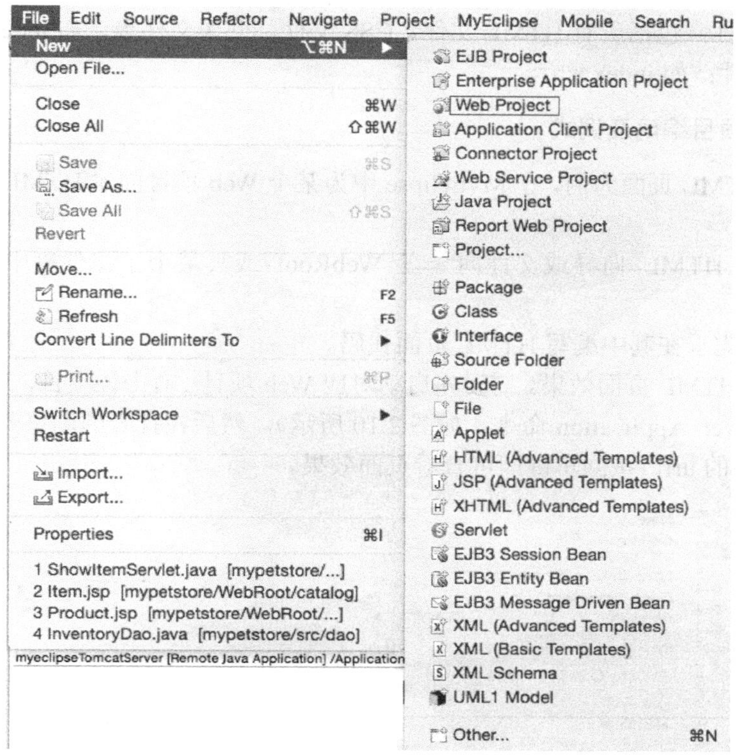

图 2.8　创建一个 Web 项目

2．设计 Web 项目的目录结构

当在 MyEclipse 中创建完毕一个新的 Web 项目后，就可以在 MyEclipse 的“包资源管理器”中看到这个 Web 项目的目录结构，它由 MyEclipse 自动生成，如图 2.9 所示。

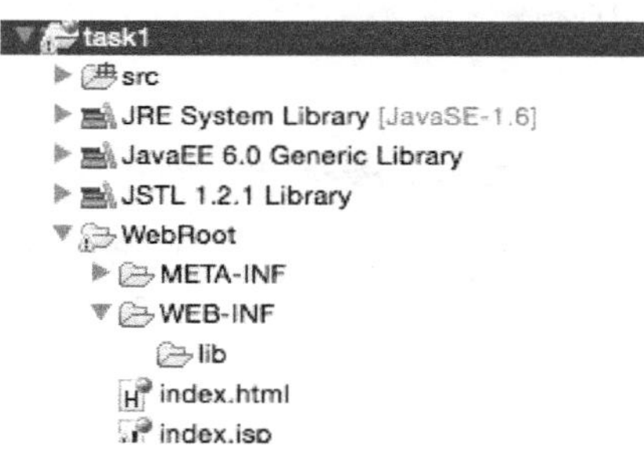

图 2.9　Web 项目的目录结构

其中，src 存放 Java 源文件，WebRoot 是这个 Web 应用项目的文档根目录，由以下部分组成。

- META-INF 目录：由系统自动生成，存放系统描述信息。
- WEB-INF 目录：该目录下存放的文件不能直接被用户访问到。该目录主要包括 lib 目录和 web.xml 文件。lib 目录存放 Web 应用所需要的.jar 文件或者.zip 文件，如 MySQL 数据库的驱动开发包；web.xml 文件是 Web 应用的配置文件，非常重要。

- 静态文件：包括所有 HTML 文件、CSS 文件、图像文件等，如 index.html。
- JSP 文件：如 index.jsp。

3. Web 项目编码及调试

以创建 HTML 页面为例，在 MyEclipse 中为某个 Web 项目创建 HTML 页面并调试的步骤如下：

（1）使用 HTML 向导或文件向导在 WebRoot 或其某个子文件夹中创建一个新的 HTML 文件。

（2）按照需求在其中编写 HTML 页面代码。

（3）查看 HTML 页面效果。需要先启动对应 Web 项目（右击该项目，选择 Run As → MyEclipse Server Application 命令，如图 2.10 所示），然后在打开的浏览器的地址栏录入该 HTML 文件的 url，按回车键即可查看页面效果。

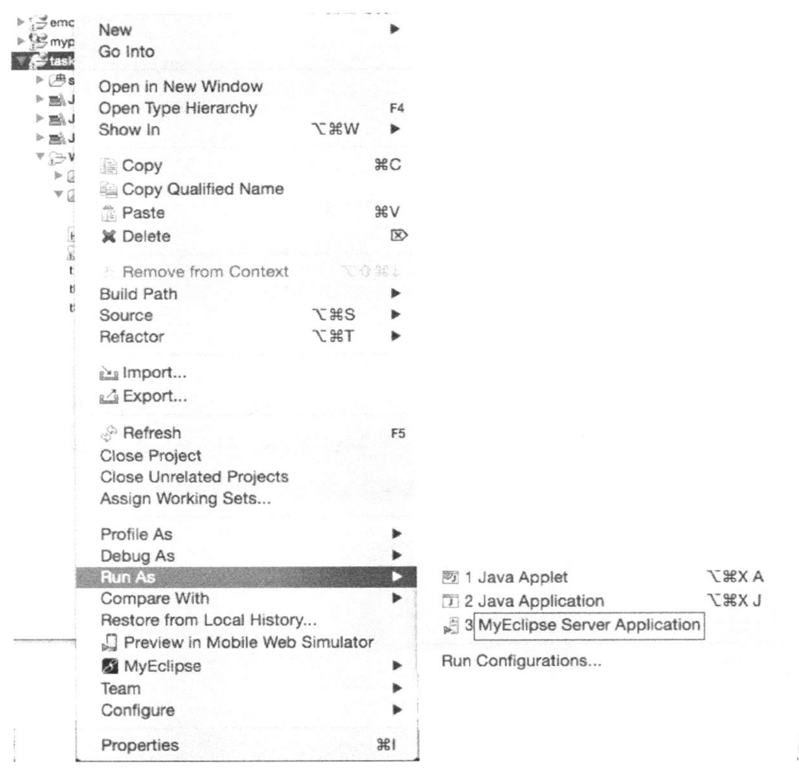

图 2.10　在 MyEclipse 中启动 Web 项目

2.4　宠物商城术语表

为了更好地描述，本教材使用如表 2.4 所示的术语。

表 2.4 宠物商城术语表

术 语	说 明
Category	宠物所属分类，本系统提供出售的宠物分属鱼、狗、猫、爬行动物和鸟类
Product	同一分类的宠物可能有不同 Product，如鱼就有锦鲤、金鱼、天使鱼、虎鲨这些品种
Item	同一品种的宠物可能有不同 Item，如锦鲤就有有斑点的锦鲤和无斑点的锦鲤 2 个系列，用户最终是要了解某 Item 的宠物的详细情况

本系统分层次展示宠物信息：

（1）列出用户选择的某 Category 的所有 Product （见文件 Category.html 或 Category.jsp）。

（2）再列出用户选择的某 Product 的所有 Item（见文件 Product.html 或 Pruduct.jsp）。

（3）最后列出用户选择的某 Item 的详细信息（见文件 Item.html 或 Item.jsp）。

2.5 实现主页面 Main.html

宠物分类展现的静态版本采用 HTML 和 CSS 技术实现，体现了“先考虑显示内容正确，再考虑美化页面”的实现思路：HTML（包括层 DIV、超链接、表格、图像、换行等常用标记标记）完成显示内容，然后使用 CSS 对页面效果进行设置。如图 2.4~图 2.7 所示 4 个页面具有公共的头部和底部，变化的只是中间部分（主体），本章只考虑主体的实现，公共的头部和底部暂时不考虑。

主页面 Main.html 存放在\mypetstore\WebRoot\catalog 目录下。

2.5.1 主页面的左边导航条部分代码

主页面的左边导航条部分，即图 2.4 的左边部分，如图 2.11 所示。

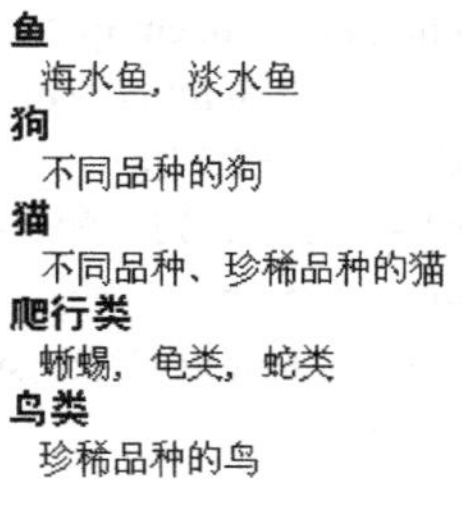

鱼
  海水鱼，淡水鱼
狗
  不同品种的狗
猫
  不同品种、珍稀品种的猫
爬行类
  蜥蜴，龟类，蛇类
鸟类
  珍稀品种的鸟

图 2.11 主页面的左边导航条部分

分析图 2.11，可以发现，只要实现了鱼类相关的导航，其他的导航可以仿照实现。“鱼”不是文本是一个图片，对应文件是../images/fish_icon.gif，“..”表示当前文件所在目录（文件夹）的上一级目录（文件夹），即如果 Main.html 在\mypetstore\WebRoot\catalog 目录下，则 fish_icon.gif 在\mypetstore\WebRoot\images 目录下。“海水鱼，淡水鱼”是文本，前面有 2 个空格。

鱼类相关的导航部分代码如下：

```
<A href="Category.html"> <img src="../images/fish_icon.gif"></A>
<br>
  海水鱼，淡水鱼
```

```
<br>
```

上面代码用到以下 HTML 标记：

- 显示图片，<img src="../images/fish_icon.gif">表示在页面显示../images/fish_icon.gif 表示的图像。
- 超链接，如<A href="../catalog/Category.html"><img src="../images/fish_icon.gif"> </A>，是一个图像链接，单击图片将转向页面 Category.html。
- 为一个空格符。
-
：为换行符。

狗、猫、爬行类和鸟类对应图片文件分别是 dogs_icon.gif、cats_icon.gif、reptiles_icon.gif 和 birds_icon.gif。请补充完成狗、猫、爬行类和鸟类的导航代码，可得到如图 2.12 所示页面效果。

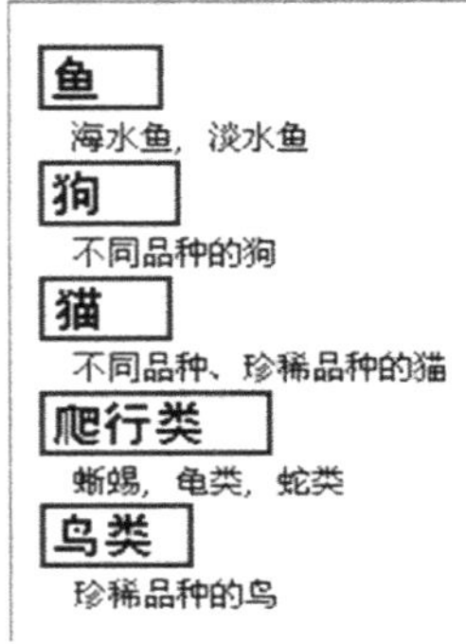

图 2.12　导航条部分代码页面效果

2.5.2　主页面的图片导航代码

以下为主页面的图片导航部分的代码，注意只实现了鱼类的图片导航。

```
<map name="estoremap">
  <area alt="Fish" coords="2,180,72,250" href="Category.html"
    shape="RECT"/>
    <!--在此补齐狗、爬行类、猫和鸟类的图片导航代码-->
</map>
      <img height="355" src="../images/splash.gif" align="center" usemap="#estoremap"
width="350"/>
```

图片导航通过在 map 元素中使用 area 元素及其 coords 值和 shape 标签属性来实现。具体包括：

- map 只作为 area 的容器，包含一组定义图像中链接区域的 area 元素。
- <area>定义可以当作导航用的区域，就是用来定义 Dreamweaver 中的热点。如<area alt="Fish" coords="2,180,72,250" href="Category.html" shape="RECT"/> shape 属性指明了区域的形状为矩形，coords 指明了形状边界的左上角和右下角的坐标

（2,180）和(72,250)，见图 2.13。href 为导航到的页面，alt 属性可设置替换用的文字，针对那些无法显示 area 的浏览器。area 不能独立出现，必须嵌套在 map 中，即<map>与</map>之间。

- 通过在<img>标记中增加属性 usemap 的定义（这里是#estoremap），说明该图片提供 name 为 estoremap 区域导航。增加 height 属性设置图片的高度。增加 align 属性设置图片的对齐方式。

图 2.13　鱼图片导航坐标示意

如果狗、爬行类、猫和鸟类热点区域的左上角和右下角的坐标如表 2.5 所示，请补齐狗、爬行类、猫和鸟类的图片导航代码，可得到如图 2.14 所示页面效果。

表 2.5　狗、爬行类、猫和鸟类热点区域的左上角和右下角的坐标

宠物分类图片	左上角坐标	右下角坐标
狗	（60,250）	（130,320）
爬行类	（140,270）	（210,340）
猫	（225,240）	（295,310）
鸟	（280,180）	（350,250）

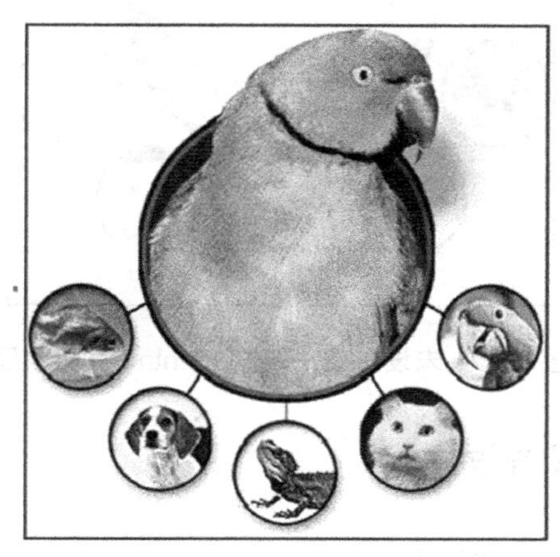

图 2.14　图片导航代码页面效果

2.5.3 通过层 DIV 标记对主页面 Main.html 进行布局

<div>和</div>定义一个层，在里面可以放任何需要展示的内容，可以嵌套使用，也就是层里面还可以有层。主页面的 Main.html 使用 div 进行布局，定义 1 个层：Main，主页面的主体部分整个放在 Main 层中，在 Main 层中定义 2 个子层：Sidebar 和 MainImage，分别存放导航条和图片导航，即：

```
<div id="Main">
  <div id="Sidebar">
      导航条代码
      </div>
  <div id="MainImage">
      图片导航代码
  </div>
</div>
```

以上代码将得到如图 2.15 所示页面效果。

图 2.15 未设置格式的 Main.html 页面效果

2.5.4 通过 CSS 设置效果

跟目标系统比，有以下问题需要解决：

- 不能显示图片边框。
- 2 个层（即 MainImage 和 Sidebar 层）位置需要调整。

在\mypetstore\WebRoot\css 目录下建立样式表文件 jpetstore.css。

```
img {
  border: 0;
}
#Main{
     height:100%;
      width:99%;
      background-color:#FFF;
}
#Sidebar {
  float: left;
  background:inherit;
  width: 30%;
}

#MainImage {
  float: left;
  background:inherit;
  text-align:center;
  width: 50%;

}
```

设置图片无边框(border 值为 0)

设置 Sidebar 层靠父层左边停靠（float），继承（inherit）父层背景色，占父层 30%的宽度，注意 Sidebar 前面有#是一个 id 选择器

设置 MainImage 层靠左停靠，继承父层背景色，占 50%的宽度，文字居中对齐

在 Main.html 前添加下面语句引入样式表：

```
<Link Rel="STYLESHEET"   Href="../css/jpetstore.css" Type="text/css">
```

再打开 Main.html 文件，会看到如图 2.16 所示页面效果。

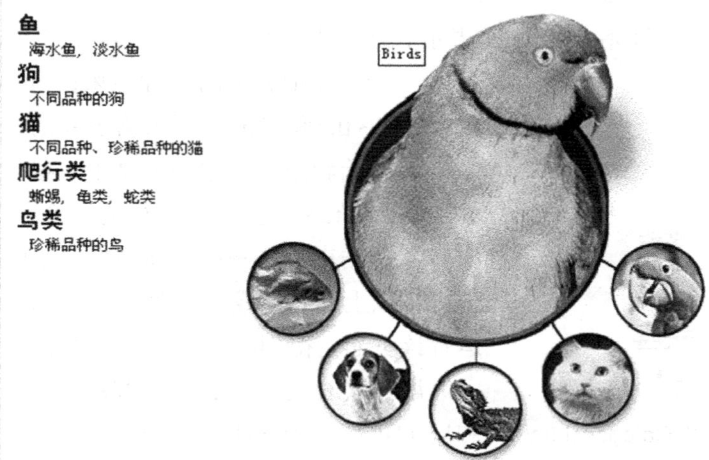

图 2.16　用样式表设置格式的 Main_body.html 页面效果

2.6 实现品种列表页面主体部分 Category.html

以下为品种列表页面主体部分 Category.html 的代码，注意只实现了锦鲤的所在行。

```
<div id="BackLink">
  <A href="main.html">返回主菜单</A>
</div>

<div id="Catalog">
  <h2>鱼</h2>
  <table>
    <tr><th>商品编号</th>  <th>名称</th></tr>
    <tr><td><A href="Product.html">FI-FW-01</A></td>
        <td>锦鲤</td>
</tr>
<!--金鱼、天使鱼和虎鲨所在行类似，请自己实现-->
  </table>
</div>
```

页面主体部分用到的新的 HTML 标记有：

- 文章标题标记<h2>与</h2>。HTML 有<h1>与</h1>，<h2>与</h2>，<h3>与</h3>，<h4>与</h4>，<h5>与</h5>和<h6>与</h6>这 6 对表示文章标题的标记，都加粗显示。<h1>与</h1>表示它们之间的文本是文章主标题，字体最大，<h6>与</h6>修饰的标题字体最小。
- 定义表格所用标记<table>与</table>、<tr>与</tr>、<td>和</td>（或<th>和</th>）。<table>表示表格开始，</table>表示表格结束；其中的<tr>表示表格的一行开始，</tr>表示表格的一行结束；<tr>与</tr>之间的<th>和</th>表示表格表头的一个单元格的开始和结束，中间就是单元格的内容；<td>和</td>表示表格一行的一个单元格的开始和结束。这些标记都是成对出现的。

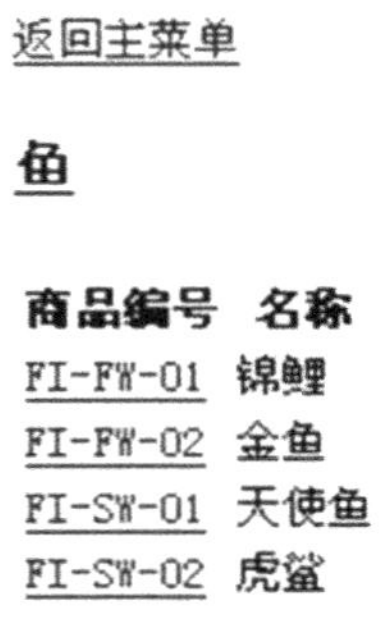

返回主菜单

鱼

商品编号	名称
FI-FW-01	锦鲤
FI-FW-02	金鱼
FI-SW-01	天使鱼
FI-SW-02	虎鲨

图 2.17　未设置格式的 Category.html 页面效果

将以上代码完成并保存到文件 Category.html 中运行该页面，得到如图 2.17 所示页面效果。

用样式表设置<h2>、<table>、<td>、<th>标记和层 Catalog、BackLink 的格式，即在 jpetstore.css 加入以下代码：

```
h2 {
    margin: 20px 0px 10px 0px;
    padding: 0px;
    line-height: 20px;
    font-weight: 700;
    color: #444;
}
```

Margin 属性设置 h2 标记边外补白尺寸（上、下、左、右 4 个方向）；padding 设置边内补白尺寸；line-height 属性设置行间的距离；font-weight 属性设置定义字体的粗细；color 属性设置前景色

```
table {
    border-width: 0;
    empty-cells: show;
    margin:0 auto;
}
```

border-width 属性设置表格边框宽度，empty-cells 属性设置是否显示表格中的空单元格，margin 属性设置表格距离外层的左右边距（auto）上下边距 0,就是使表格居中。

```
td, th {
    empty-cells: show;
    padding: 3px 3px;
    vertical-align: top;
    text-align: left;
    border-width: 0;
    border-spacing: 0;
    background-color: #ececec
}
```

vertical-align 属性设置垂直对齐方式; border-spacing 属性设置相邻单元格的边框间的距离；background-color 属性设置背景色

```
th {
    font-weight: bold;
    background-color: #e2e2e2;
}

#Catalog {
    padding: 10px;
    background:inherit;
    text-align:center;
}

#BackLink{
    padding: 10px;
    float: right;
    border-width: 1px 0px    1px 0px;
    border-style: solid;
    border-color: #000;
}
```

border-style 属性设置边框风格，border-color 属性设置边框颜色

在 Category.html 前加入下面代码引入样式表。

```
<Link Rel="STYLESHEET" Href="../css/jpetstor.css" Type="text/css">
```

再运行 Category.html，将得到如图 2.18 所示页面效果。

返回主菜单

鱼

商品编号	名称
FI-FW-01	锦鲤
FI-FW-02	金鱼
FI-SW-01	天使鱼
FI-SW-02	虎鲨

图 2.18　用样式表设置格式的 Category.html 页面效果

请参照 Category.html 完成 Product. html，由于“添加到购物车”是具有按钮效果的超链接而且鼠标停留在超链接上有反应，所以在需要样式表文件 jpetstore .css 中增加如下内容（可参考 2.2.4 节）：

```
a.Button, a.Button:link, a.Button:visited {
    padding: .3ex;
    color: #fff;
    background-color: #005e21;
    text-decoration: none;
}

a.Button:hover {
    color: #005e21;
    background-color: #54c07a;
}
```

通过 padding 和 background-color 定义具有按钮效果的超链接；text-decoration 属性设置对文本进行修饰，是否有下画线，是否直线穿过文本，是否闪烁等。**注意 Button 前面有 a,表示是一个 class 选择器**

鼠标停留在超链接上时背景色和文字颜色发生变化

Product. html 中“添加到购物车”超链接代码如下：

```
<A class="Button" href="暂为空.">添加到购物车</A>
```

Item.html 列出用户选择某宠物的详细信息。该页面的实现跟商品列表页面很相似，不同的是该页面的表格只有 1 列，而且第 1 行单元格中插入了代表该品种宠物的图片，第 2 行和第 3 行的字体是粗体。表格的第 1、2、3 行的代码如下：

```
  <Link Rel="STYLESHEET" Href="../css/jpetstore.css" Type="text/css">
<!--省略前面代码-->
    <tr><td><img src="../images/fish3.gif">来自日本的淡水鱼</td></tr>
    <tr><td><b>EST-4 </b></td></tr>
    <tr><td><b><font size="4"> 斑点  锦鲤</font></b></td></tr>
<!--省略后面代码-->
```

宠物详细信息页面主体部分不用增加新的样式。

作 业

一、选择题

1．宠物分类展现的静态版本采用 HTML 和 CSS 技术实现，体现了“先考虑显示内容正确，再考虑美化页面。”的实现思路________。

A．使用 HTML 完成显示内容，使用 CSS 对页面效果进行设置

B．使用 CSS 完成显示内容，使用 HTML 对页面效果进行设置

C．使用 HTML+CSS 完成显示内容，再统一美化页面

D．以上都不对

2．HTML 代码 表示在页面上显示________。

A．图片　　B．超链接　　C．换行　　D．空格

3．HTML 代码<**img** src="../images/fish_icon.gif">表示在页面上显示________。

A．图片　　B．超链接　　C．换行　　D．空格

4. 如果一个样式说明的选择器前面有#修饰，说明该选择器是________。

A．标记选择器　　B．id 选择器　　C．类别选择器　　D．以上都不对

5. CSS 中用 4 个伪类：a:link、a:visited、a:hover 和 a：active 来定义链接的样式，分别定义“链接、已访问过的链接、鼠标停在上方时、单击鼠标时”的样式，必须按______顺序设置。

A．HLVA　　B．LVHA　　C．AHLV　　D．VAHL

6. 关于表单发送的 2 种方式 get 和 post，以下说法正确的是________（选 2 项）。

A．get 是表单默认的发送方式

B．post 是表单默认的发送方式

C．使用 get 方式发送信息时有 255 字符的限制

D．使用 post 方式发送信息时，在地址栏里可以看到表单内容

二、是非题

1．<map></map>定义包含一组定义图像中链接区域的 area 元素，map 对象由 img 标记的 usemap 属性引用。（ ）

2．HTML 的层标记<div ></div>用来排版大块 HTML 段落，也用于格式化表。（ ）

3．HTML 的单元格标记 td 的属性 colspan 设置一个表格格子跨占的行数。（ ）

4．CSS 按其位置可以分成三种：内嵌样式、内部样式表和外部样式表。（ ）

任务 2　用 HTML+CSS 实现宠物商城 catalog 模块的静态网页版本

一、任务说明

完成宠物商城 catalog 模块的静态网页版本，熟悉 MyEclipse 开发环境。

二、开发环境准备

1．MyEclipse，推荐使用 MyEclipse Professional 2014，可从 http://www.myeclipseide.cn 免费下载试用版。

2．从老师那里获取项目所需图片文件或从电子工业出版社的华信教育资源网免费下载。

三、完成过程

下面的完成过程中，TOMCAT_HOME 代表 Tomcat 的安装路径。

1．创建 mypetstore 项目及其目录结构。

（1）打开 MyEclipse 创建一个名为 mypetstore 的动态网页项目。

（2）在 mypetstore 项目的 WebRoot 目录下创建 CSS 目录，将样式表文件 jpetstore.css 复制到这个目录中。

（3）在 mypetstore 项目的 WebRoot 目录下创建 catalog 目录，存放宠物分类展现的所有 html 文件，包括 Main.html，Category.html，Product.html，Item.html。

（4）在 mypetstore 项目的 WebRoot 目录下创建 images 目录，将系统所需图片文件复制到这个目录中。

2．实现主页面 Main.html 主体部分并查看页面效果。

3．实现品种列表页面 Category.html 主体部分并查看页面效果。

4．完成 Product.html 页面主体部分并查看页面效果。

5．完成 Item.html 页面主体部分并查看页面效果。

第 3 章

使用 JDBC

本章要点

介绍如何搭建 MySQL 数据库开发环境：安装数据库软件及界面管理工具，创建数据库和表以及插入数据

介绍 catalog 模块的表结构

介绍 Java 数据库开发技术：JDBC，POJO+DAO 数据库编程模式，创建通用的访问数据库的基类 BaseDao，封装创建数据库连接代码

前面实现的只是 catalog 模块的静态版本，只能浏览 “鱼”—“锦鲤”—“有斑点的锦鲤”。如果都用静态网页来实现，将需要大量的页面，采用这种方式实现起来工作量大，而且也不方便维护（试想一下增加新的品种，新的宠物的情况）。我们分析页面可以发现，这些页面只是具体的值不同，如果将这些值存放到数据库中，每次显示的值都从数据库读出，那么只要实现 3 个动态的页面就可以了。

3.1 catalog 模块数据准备

为了实现 catalog 模块的动态网页版本，我们需要做以下数据准备：

- 使用 Navicat（或其他 MySQL 管理客户端），在 MySQL 数据库中创建一个数据库 petstore，然后在数据库 petstore 中，创建表 category、product、Item、inventory 和 Supplier，分别存放分类、品种、系列、库存和供应商的信息。
- 在以上创建的表中插入一些数据，以方便测试。
- 为宠物商城系统创建一个访问数据库 petstore 的用户。

3.1.1 在 MySQL 中创建一个数据库 petstore 及其表

首先创建连接。运行 NaviCat，选择工具栏的连接，如图 3.1 所示，可以打开连接对话框，如图 3.2 所示，输入主机名（如果 MySQL 安装在本机上就是用默认的 localhost）、端口号（页面上的埠，通常是 3306）、用户名（通常是 root）和密码（root 的密码在安装时设置）即可连接到 MySQL 数据库。

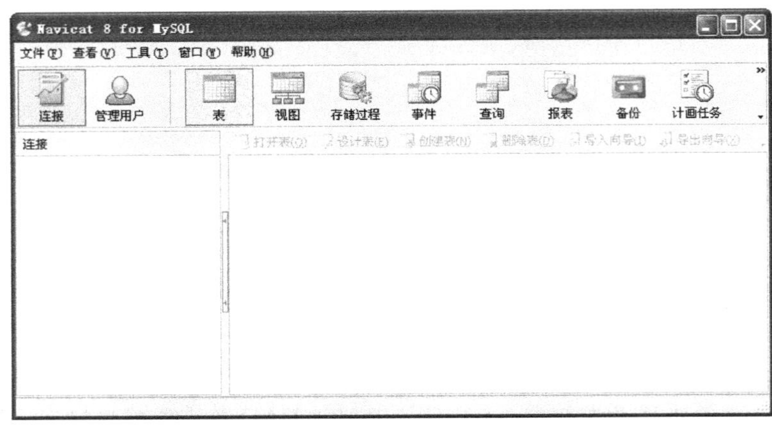

图 3.1 NaviCat for MySQL 运行页面

图 3.2 连接对话框

在 NaviCat 中，可以打开任何一个已经存在的数据库，然后使工具栏上的“创建查询”按钮可用，如图 3.3 所示。

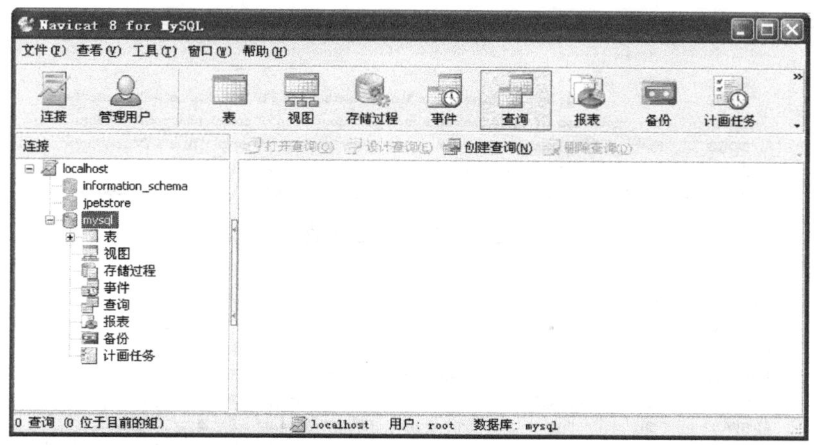

图 3.3 使工具栏上的“创建查询”按钮可用

单击“创建查询”按钮，打开“查询”窗口。然后在查询窗口，执行“文件”-“载入”命令或单击工具栏的“载入”按钮，选择脚本文件 ch3_create.sql，将脚本文件的内容加载到查询编辑器运行，即可完成数据库 petstore 及各个表的创建。如果插入的有中文，注意选择 Simplified Chinese 编码方式（这里编码方式为 936（ANSI/OEM-Simplified Chinese，不同版本可能编码不同，但是都与 Simplified Chinese 相关），如图 3.4 所示。

图 3.4 在 NaviCat 中加载脚本选择简体中文编码方式

3.1.2 插入测试数据

在开发动态页面前最好准备好测试数据，这样才能看到效果。宠物商城测试数据的脚本文件为 ch3_insert.sql。同创建数据库及表一样在查询窗口中加载该脚本文件并执行即可。最后表 category，product，item，inventory 结构及数据如图 3.5～图 3.8 所示。

catid	name	descn
BIRDS	鸟类	<image src="../images/birds_icon.gif"><font size="5" color="blue"> Birds</font>
CATS	猫	<image src="../images/cats_icon.gif"><font size="5" color="blue"> Cats</font>
DOGS	狗	<image src="../images/dogs_icon.gif"><font size="5" color="blue"> Dogs</font>
FISH	鱼	<image src="../images/fish_icon.gif"><font size="5" color="blue"> Fish</font>
REPTILES	爬行类	<image src="../images/reptiles_icon.gif"><font size="5" color="blue"> Reptiles</

图 3.5　表 cateory 数据

productid	category	name	descn
AV-CB-01	BIRDS	亚马逊鹦鹉	<image src="../images/bird2.gif">75 岁以上高龄的好伙伴
AV-SB-02	BIRDS	燕雀	<image src="../images/bird1.gif">非常好的减压宠物
FI-FW-01	FISH	锦鲤	<image src="../images/fish3.gif">来自日本的淡水鱼
FI-FW-02	FISH	金鱼	<image src="../images/fish2.gif">来自中国的淡水鱼
FI-SW-01	FISH	天使鱼	<image src="../images/fish1.gif">来自澳大利亚的海水鱼
FI-SW-02	FISH	虎鲨	<image src="../images/fish4.gif">来自澳大利亚的海水鱼
FL-DLH-02	CATS	波斯猫	<image src="../images/cat1.gif">友好的家居猫，像公主一样高贵
FL-DSH-01	CATS	马恩岛猫	<image src="../images/cat2.gif">灭鼠能手
K9-BD-01	DOGS	牛头犬	<image src="../images/dog2.gif">来自英格兰的友好的狗
K9-CW-01	DOGS	吉娃娃犬	<image src="../images/dog4.gif">很好的陪伴狗
K9-DL-01	DOGS	斑点狗	<image src="../images/dog5.gif">来自消防队的大狗
K9-PO-02	DOGS	狮子犬	<image src="../images/dog6.gif">来自法国的可爱的狗
K9-RT-01	DOGS	金毛猎犬	<image src="../images/dog1.gif">大家庭的狗
K9-RT-02	DOGS	拉布拉多猎犬	<image src="../images/dog5.gif">大猎狗
RP-LI-02	REPTILES	鬣蜥	<image src="../images/lizard1.gif">友好的绿色朋友
RP-SN-01	REPTILES	响尾蛇	<image src="../images/snake1.gif">兼当看门狗

图 3.6　表 product 数据

itemid	productid	listprice	unitcost	status	supplier	attr1	attr2	attr3	attr4	attr5
EST-1	FI-SW-01	16.50	10.00	P	1	大 天使鱼	[Null]	[Null]	[Null]	[Null]
EST-10	K9-DL-01	18.50	12.00	P	1	带斑点成年雌性 斑	[Null]	[Null]	[Null]	[Null]
EST-11	RP-SN-01	18.50	12.00	P	1	无毒 响尾蛇	[Null]	[Null]	[Null]	[Null]
EST-12	RP-SN-01	18.50	12.00	P	1	无响声 响尾蛇	[Null]	[Null]	[Null]	[Null]
EST-13	RP-LI-02	18.50	12.00	P	1	大型成年 鬣蜥	[Null]	[Null]	[Null]	[Null]
EST-14	FL-DSH-01	58.50	12.00	P	1	无尾 马恩岛猫	[Null]	[Null]	[Null]	[Null]
EST-15	FL-DSH-01	23.50	12.00	P	1	有尾 马恩岛猫	[Null]	[Null]	[Null]	[Null]
EST-16	FL-DLH-02	93.50	12.00	P	1	成年雌性 波斯猫	[Null]	[Null]	[Null]	[Null]
EST-17	FL-DLH-02	93.50	12.00	P	1	成年雄性 波斯猫	[Null]	[Null]	[Null]	[Null]
EST-18	AV-CB-01	193.50	92.00	P	1	成年雄性 亚马逊鹦	[Null]	[Null]	[Null]	[Null]
EST-19	AV-SB-02	15.50	2.00	P	1	成年雄性 燕雀	[Null]	[Null]	[Null]	[Null]
EST-2	FI-SW-01	16.50	10.00	P	1	小 天使鱼	[Null]	[Null]	[Null]	[Null]
EST-20	FI-FW-02	5.50	2.00	P	1	成年雄性 金鱼	[Null]	[Null]	[Null]	[Null]
EST-21	FI-FW-02	5.29	1.00	P	1	成年雌性 金鱼	[Null]	[Null]	[Null]	[Null]
EST-22	K9-RT-02	135.50	100.00	P	1	成年雄性 拉布拉多	[Null]	[Null]	[Null]	[Null]
EST-23	K9-RT-02	145.49	100.00	P	1	成年雌性 拉布拉多	[Null]	[Null]	[Null]	[Null]
EST-24	K9-RT-02	255.50	92.00	P	1	成年雄性 拉布拉多	[Null]	[Null]	[Null]	[Null]
EST-25	K9-RT-02	325.29	90.00	P	1	成年雌性 拉布拉多	[Null]	[Null]	[Null]	[Null]
EST-26	K9-CW-01	125.50	92.00	P	1	成年雄性 吉娃娃犬	[Null]	[Null]	[Null]	[Null]
EST-27	K9-CW-01	155.29	90.00	P	1	成年雌性 吉娃娃犬	[Null]	[Null]	[Null]	[Null]
EST-28	K9-RT-01	155.29	90.00	P	1	成年雌性 金毛猎犬	[Null]	[Null]	[Null]	[Null]
EST-3	FI-SW-02	18.50	12.00	P	1	无牙齿 虎鲨	[Null]	[Null]	[Null]	[Null]
EST-4	FI-FW-01	18.50	12.00	P	1	斑点 锦鲤	[Null]	[Null]	[Null]	[Null]
EST-5	FI-FW-01	18.50	12.00	P	1	无斑点 锦鲤	[Null]	[Null]	[Null]	[Null]
EST-6	K9-BD-01	18.50	12.00	P	1	成年雄性 牛头犬	[Null]	[Null]	[Null]	[Null]
EST-7	K9-BD-01	18.50	12.00	P	1	小母狗 牛头犬	[Null]	[Null]	[Null]	[Null]
EST-8	K9-PO-02	18.50	12.00	P	1	小公狗 狮子犬	[Null]	[Null]	[Null]	[Null]
EST-9	K9-DL-01	18.50	12.00	P	1	无斑点雄性小狗 斑	[Null]	[Null]	[Null]	[Null]

图 3.7　表 item 数据

item @petstore (localhost)

itemid	qty
EST-1	10000
EST-10	10000
EST-11	10000
EST-12	10000
EST-13	10000
EST-14	10000
EST-15	10000
EST-16	10000
EST-17	10000
EST-18	10000
EST-19	10000
EST-2	10000
EST-20	10000
EST-21	10000
EST-22	10000
EST-23	10000
EST-24	10000
EST-25	10000
EST-26	10000
EST-27	10000
EST-28	10000
EST-3	10000
EST-4	10000
EST-5	10000
EST-6	10000
EST-7	10000
EST-8	10000
EST-9	10000

图 3.8　表 inventory 数据

3.1.3　为宠物商城系统创建一个访问数据库 petstore 的用户

虽然安装 MySQL 时，已经有一个用户 root，但是为了安全起见，通常都会为应用程序创建一个用户。为 Petstore 应用程序创建一个访问数据库 petstore 的用户 petstoreapp，密码为 123 的 SQL 语句如下：

```
-- 创建一个新的数据库用户，给它授权并设置密码
GRANT select, insert, update, delete
ON    petstore.*
TO    petstoreapp@localhost identified by '123';
```

3.2　JDBC 数据库编程

JDBC 定义了如何使用 Java 代码访问数据库。具体就是使用 JDBC API（包 java.sql

和 javax.sql 包）中定义的类和接口来编写程序连接和操作数据库。

3.2.1 安装 MySQL 的驱动程序

在编写 Java 程序访问数据库的代码前，需要安装数据库对应的 JDBC 连接包，并将该包添加到项目中。如果使用 MySQL 数据库，需从 http://dev.mysql.com/downloads/connector/j/5.1.html 下载并安装 MySQL 的 JDBC 连接包 mysql-connector-java-xxx-bin.jar，可以将其添加到项目中（在 MyEclipse 环境下，如果是 Web 项目则添加到 WEB-INF\lib 下，如果是 Java 项目则需要通过“构建路径”→“库”，单击“添加外部 Jar”，添加到构建路径中）。

3.2.2 JDBC 应用程序的模板代码

Java 程序访问数据库的代码包括：

- 注册驱动。
- 获得数据库连接。
- 准备（创建）操作数据库的语句对象。
- （语句对象）执行 SQL。
- 处理结果集（查询操作）。
- 关闭 JDBC 对象。

以下代码返回表 inventory 中 itemid 为"EST-1"的所有记录，即编写 java 程序执行 SQL 语句“select * from inventory where itemid=' EST-1 '”。

```
package dao;

//引入 java.sql 中相关类
import java.sql.Connection;//连接，管理数据库连接
import java.sql.DriverManager;//驱动管理器，管理数据库驱动程序
import java.sql.ResultSet;//结果集，管理查询结果
import java.sql.PreparedStatement;//语句对象，管理 SQL 语句的执行

public class TestJDBC{
    public static void main (String args[])throws Exception {
        Connection conn=null;
        ResultSet rs=null;
          try{
                //步骤(1)，注册驱动
              Class.forName("com.mysql.jdbc.Driver").newInstance();
              //步骤(2)，创建数据库连接
              conn=DriverManager.getConnection("jdbc:mysql://localhost/petstore?
                    useUnicode=true&characterEncoding=UTF-8","petstoreapp","123");
              //步骤(3)，准备操作数据库的语句对象
        PreparedStatement pstmt=conn.prepareStatement("select * from inventory where
itemid=?");
```

```
            pstmt.setString(1, "EST-1");//设置第一个问号位置的值
              //步骤(4)，使用语句对象执行查询
            rs= pstmt.executeQuery();
              //步骤(5)，处理结果集
              while(rs.next()){
                    System.out.println("Item ID:"+rs.getString("itemid"));
                    System.out.println ("QTY(数量):"+rs.getInt("qty"));
              }
              //步骤(6)，关闭 JDBC 对象,后生成的先关闭
              rs.close();
              pstmt.close();
              conn.close();
        }catch(Exception e){e.printStackTrace();}
    }
}
```

其中：

- "com.mysql.jdbc.Driver" 是 MySQL 数据库的驱动器类，该类在 mysql-connector-java-xxx-bin.jar 包中。
- DriverManager.getConnection 方法获得数据库连接，它有 3 个参数：数据库连接字符串 URL、访问 MySQL 的用户名和密码。"jdbc:mysql://localhost/petstore?useUnicode=true&characterEncoding=UTF-8" 是连接本地 MySQL 中 petstore 数据库的连接字符串，useUnicode=true&characterEncoding=UTF-8 是为了解决存取中文的乱码问题。
- 步骤（3）得到的是 PreparedStatement 对象。PreparedStatement 提供了方便的访问数据库的方法，其执行的 SQL 语句可以使用占位符（?），这些问号标明变量的位置，通过 setXXX 方法可设置变量的值，该方法的第一个参数表示?在语句中出现的位置（从 1 开始）。步骤（3）也可以创建 Statement 对象，这时步骤（4）代码也会有所区别，即用以下语句代替：

```
//步骤(3)，创建语句对象 stmt 执行查询
Statement pstmt=conn.createStatement();
//步骤(4)，使用语句对象 pstmt 执行查询
rs=pstmt.executeQuery("select * from   inventory   where itemid='EST-1'");
```

- 步骤(4)，使用语句对象执行查询，查询结果保存到 ResultSet 对象中：
  rs= pstmt.executeQuery();
- 步骤(5)使用一个 while 循环处理结果集，其中 rs.next()方法就是在结果集顺序移动，第一次调用将会移动到第一个记录的位置。如果还有记录，该方法返回 true；如果移动到最后一个记录还执行该方法将返回 false。rs.getString("itemid")是获得当前记录的 itemid 字段的值，itemid 字段类型必须是字符串才能正确执行。rs.getInt("qty")是获得当前记录的 qty 字段的值，qty 字段必须是整数类型才能正确执行。
- 步骤（6），关闭 JDBC 对象，注意后生成的必须先关闭。

MyEclipse 中执行该程序的结果如图 3.9 所示。

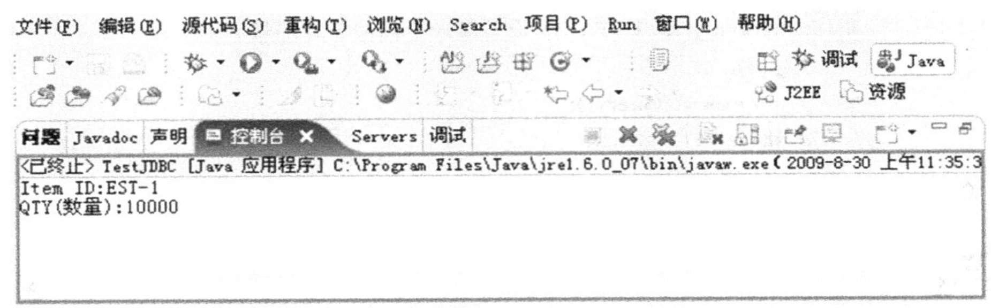

图 3.9　TestJDBC 的执行结果

需要注意的是：以上调用 java.sql 包中的类的方法，要使用 try 语句处理异常，否则无法编译通过。

3.2.3　编写 JDBC 应用程序修改数据库

修改数据库包括删除、插入和修改数据库中的数据。以下代码删除库存表 inventory 中 itemID 为 EST-1 的库存信息，即编写 Java 程序执行 SQL 语句“delete from inventory where itemid='EST-1'”。

```
package dao;

import java.sql.Connection;
import java.sql.DriverManager;
import java.sql.PreparedStatement;

public class TestJDBC2 {
	public static void main(String[] args){
		Connection conn=null;
		PreparedStatement pstmt=null;
		try{
			Class.forName( " com.mysql.jdbc.Driver").newInstance();
			conn=DriverManager.getConnection("jdbc:mysql://localhost/petstore?useUnicode=
			true&characterEncoding=UTF-8","petstoreapp","123");
			pstmt=conn.prepareStatement("delete from   inventory   where itemid=?");
			pstmt.setString(1, "EST-1");
			int rows= pstmt.executeUpdate();
			System.out.println (rows+ "行受影响");
			pstmt.close();
			conn.close();

		}catch(Exception e){e.printStackTrace();}
	}
}
```

TestJDBC2 的执行结果如图 3.10 所示。用 Navicat 打开表 inventory，发现 itemid 为"EST-1"的记录已经被删除。

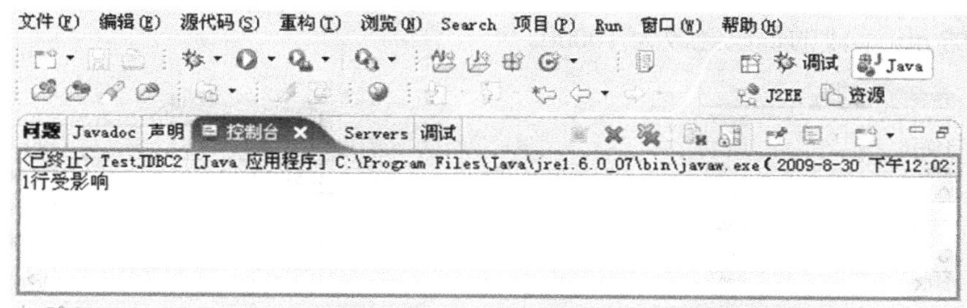

图 3.10　TestJDBC2 的执行结果

相对 TestJDBC1 的代码，TestJDBC2 不同的地方有：

- 不再需要结果集对象。
- 生成 PreparedStatement 对象的参数（对应 SQL 语句不同，注意黑体部分），代码：PreparedStatement pstmt=conn.prepareStatement("delete from inventory where itemid=?");
- 使用 PreparedStatement 的 executeUpdate 方法，返回一个整型数，代码：int rows= pstmt.executeUpdate();

下面代码实现在表 inventory 中插入一行数据（itemid 为"EST-1",qty 为 20000），即编写 Java 程序执行 SQL 语句“insert into inventory values('EST-1',20000)”。

```
//省略前面的 package 和 import 语句
public class TestJDBC3{
    public static void main(String args[]){
        Connection conn=null;
        PreparedStatement pstmt=null;
        try{
            Class.forName("com.mysql.jdbc.Driver").newInstance();
            conn=DriverManager.getConnection("jdbc:mysql://localhost/petstore?useUnicode=true
           &characterEncoding=UTF-8","petstoreapp","123");
            pstmt=conn.prepareStatement("insert into inventory values(? ,? ) ");
            pstmt.setString(1, "EST-1");
            pstmt.setInt(2,20000);
            int rows=pstmt.executeUpdate()
            System.out.println (rows+ "行受影响");
            pstmt.close();
            conn.close();
        }catch(Exception e){e.printStackTrace();}
    }
}
```

TestJDBC3 的 PreparedStatement 对象使用了 2 个变量。执行完 TestJDBC3，用 Navicat 打开表 inventory，发现多了一条 itemid 为"EST-1"，qty 为 20000 的记录。如图 3.11 所示。

TestJDBC4 实现修改表 inventory 中 itemid 为 EST-1 的 qty 字段的值为 10000，即编写 Java 程序执行 SQL 语句“update inventory set qty=10000 where itemid='EST-1'”，关键代码如下，注意黑体字部分。TestJDBC4 执行后的表 inventory 的数据如图 3.12 所示，itemid

为 EST-1 的 qty 字段的值已经改为 10000。

itemid	qty
EST-1	20000
EST-10	10000
EST-11	10000
EST-12	10000
EST-13	10000
EST-14	10000
EST-15	10000

图 3.11　TestJDBC3 执行后的表 inventory

itemid	qty
EST-1	10000
EST-10	10000
EST-11	10000
EST-12	10000
EST-13	10000

图 3.12　TestJDBC4 执行后的表 inventory

```
public class TestJDBC4{
    public static void main(String args[]){
        Connection conn=null;
        PreparedStatement pstmt=null;
        try{
            Class.forName("com.mysql.jdbc.Driver").newInstance();
            conn=DriverManager.getConnection("jdbc:mysql://localhost/petstore?useUnicode=
                    true&characterEncoding=UTF-8","petstoreapp","123");
            pstmt=conn.prepareStatement("update inventory set qty=? where itemid=?");
        pstmt.setInt(1,10000);
        pstmt.setString(2, "EST-1");
        int rows=pstmt.executeUpdate()
            System.out.println (rows+ "行受影响");
            pstmt.close();
            conn.close();
        }catch(Exception e){e.printStackTrace();}
    }
}
```

3.2.4　编写封装创建数据库连接的类

每一个需要数据库操作的地方都需要重复“注册驱动，创建数据库连接”的步骤。为了便于维护，可以把创建数据库连接的代码都封装在一个类中，如果以后要对数据库的用户名、密码进行修改就变得非常容易（只要修改这个类即可）。代码如下：

```
package dao;
import java.sql.Connection;
import java.sql.DriverManager;
public class BaseDao {
    private String driverName="com.mysql.jdbc.Driver";
        private String url="jdbc:mysql://localhost/petstore?useUnicode=true
                & characterEncoding=UTF-8";
    private String user="petstoreapp";
    private String password="123";

    public Connection getConnection() throws Exception{
        Connection conn=null;
```

```
            Class.forName(driverName).newInstance();
            conn=DriverManager.getConnection(url, user, password);
            return conn;
        }
    }
```

TestJDBC 的代码可以改写为：

```
    package dao;

    import java.sql.Connection;
    import java.sql.ResultSet;
    import java.sql.Statement;

    public class TestJDBC{

        public static void main(String args[]){
            Connection conn=null;
            Statement stmt=null;
            ResultSet rs=null;
            try{
                conn=new BaseDao().getConnection();
                stmt=conn.createStatement();
                rs=stmt.executeQuery("select * from  inventory  where itemid='EST-1'");
                while(rs.next()){
                    System.out.println("Item ID:"+rs.getString("itemid"));
                    System.out.println ("QTY(数量):"+rs.getInt("qty"));
                }
                rs.close();
                stmt.close();
                conn.close();
            }catch(Exception e){e.printStackTrace();}
        }
    }
```

对数据库的用户名、密码进行修改只需要修改 BaseDao 的代码，TestJDBC 的代码不用做任何修改。

BaseDao 类可作为所有访问数据库的类的基类。3.3.3 节中 CategoryDao 类就是在继承 BaseDao 类的基础上实现的。

3.3 POJO+DAO 访问数据库的编程模式

第 3.2 节介绍的方法可以实现数据库访问，但是会导致系统代码中到处充斥着烦琐的

JDBC 代码，如 ResultSet, PreparedStatement 等。在实际的数据库应用开发中，通常采用 POJO+DAO 的编程模式。

DAO 是 Data Access Object（数据访问对象）的简称，POJO 是 Plain Ordinary Java Object（简单 Java 对象）的简称，就是一个普通的 Java 对象。

POJO+DAO 的编程模式就是对于数据库中的每一张表，设计一个对应的 POJO 类和一个访问数据库 DAO 类，POJO 类的属性（或成员变量）和表的字段（或列）一一对应（通常是同名），由 DAO 类负责访问数据库，实现 POJO 对象和表数据的转换，这样 JDBC 代码就被完全封装在 DAO 类中。如对于数据库中的分类表 category，对应地将建立一个 POJO 类 Category 和一个访问数据库的 CategoryDao 类。Category 类的属性（catid,name,descn）和表 category 的字段（catid,name,descn）一一对应，由 CategoryDao 负责 Category 对象到表 Category 数据的转换（O-R 映射）。

catalog 模块相关的表、对应的 POJO 类和 DAO 类如表 3.1 所示。

表 3.1　POJO 类和数据库访问类 DAO 对应表

数据库表	POJO 类	数据库访问类 DAO
category	Category	CategoryDao
product	Product	ProductDao
item	Item	ItemDao
supplier	Supplier	SupplierDao
inventory	Inventory	InventoryDao

3.3.1　编写表结构对应的 POJO 类

编写表结构对应的 POJO 类以创建表 category 对应 POJO 类 Category 为例进行说明。主要包括以下工作：

- 对应表 category 的 3 个字段 catid、name 和 descn 为类 Category 创建 3 个私有(private)属性 catid、name 和 descn。
- 为类 Category 的 3 个属性 catid、name 和 descn 分别创建一个赋值的方法(setter)和一个取值的方法(getter)，即 setCatid/getCatid,setName/getName,setDescn/getDescn。

代码如下：

```
package domain;
public class Category {
        private String catid;
        private String name;
        private String descn;

        public Category(){}
        public Category(String catid,String name,String descn){
            setCatid(catid);
            setName(name);
            setDescn(descn);
```

```
    }
    public String getCatid() {
        return catid;
    }
    public void setCatid(String catid) {
        this.catid = catid;
    }
    public String getDescn() {
        return descn;
    }
    public void setDescn(String descn) {
        this.descn = descn;
    }
    public String getName() {
        return name;
    }
    public void setName(String name) {
        this.name = name;
    }
}
```

在 MyEclipse 中建立以上类是很容易的：定义了属性（如 Category 的 catid，name，descn）后，使用“source”→“generate getters and setters”，选择需要增加 getter 和 setter 的属性，可自动生成。

3.3.2 设计访问各表的 DAO 类

图 3.13，图 3.14 和图 3.15 为 catalog 模块中 Category.jsp、Product.jsp 和 Item.jsp 的页面效果。请对比数据库各表的数据（见图 3.5～图 3.8）确定页面的数据都来自哪个表。

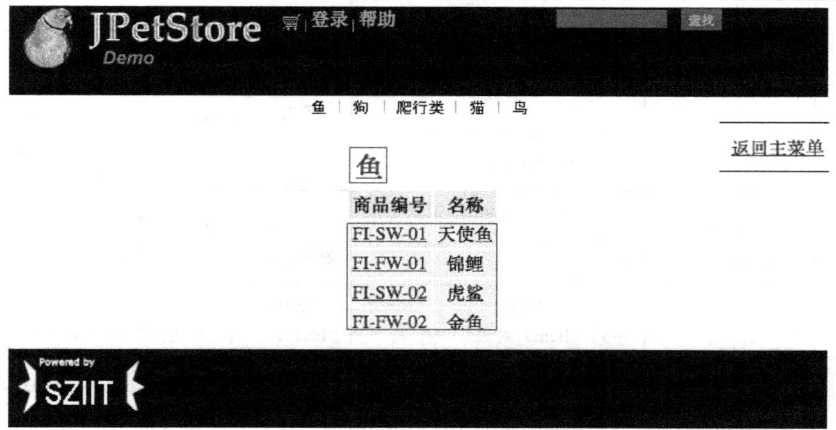

图 3.13 同一 category 的 product 列表页面 Category.jsp

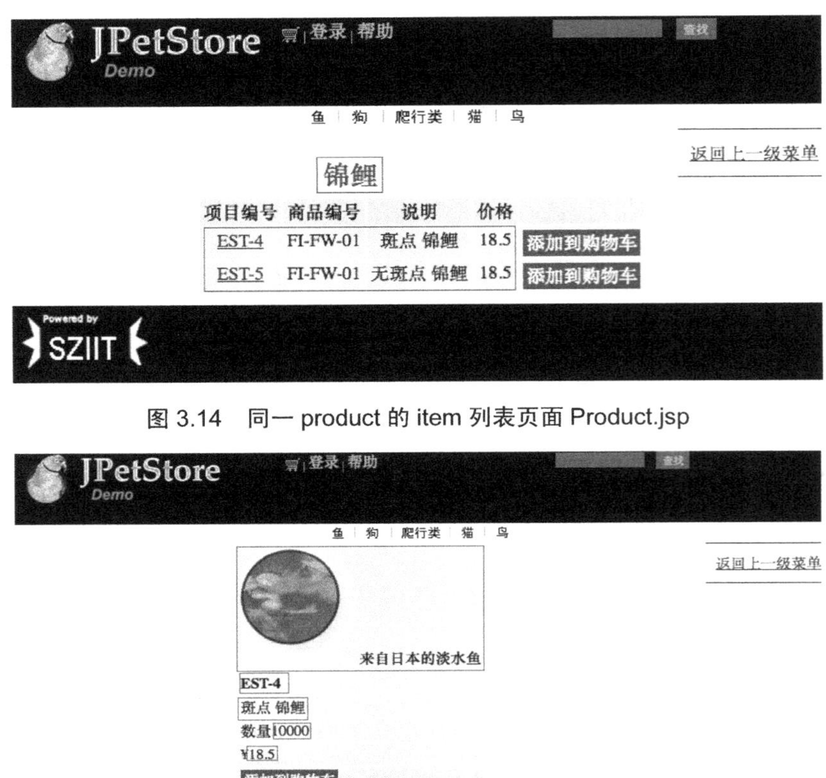

图 3.14　同一 product 的 item 列表页面 Product.jsp

图 3.15　item 详情页面 Item.jsp

分析 catalog 模块各页面需要的数据及表 category，product，item，inventory 等存储的信息，可以知道各表对应的 DAO 类需要提供的方法如表 3.2 所示。

表 3.2　各表对应的 DAO 类需要提供的方法

DAO 类	需要提供的方法	方法说明	服务的页面
CategoryDao	getCategory	通过传入的 catid 参数获得分类（Category）对象	为 Category.jsp 提供分类名称，见图 3.13 中的“鱼”
ProductDao	getProduct	通过传入的 productid 参数获得品种（Product）对象	①为 Product.jsp 提供品种名称，见图 3.14 中的“锦鲤” ②为 Item.jsp 提供品种图片和说明及名称，见图 3.15 中的图片和说明“来自日本的淡水鱼”和“锦鲤”
	getProductListByCategory	通过传入的 catid 参数获得该分类所有的品种（Product）对象列表	为 Category.jsp 提供某 Category 所有的 Product 对象列表，见图 3.13 中的列表信息
ItemDao	getItem	通过传入的 itemid 参数获得系列（Item）对象	为 Item.jsp 提供系列的详细信息，如图 3.15 中的“EST-4”、“斑点 锦鲤”和“￥18.5”
	getItemListByProduct	通过传入的 productid 参数获得该品种所有系列（Item）对象列表	为 Product.jsp 提供某 Product 所有的 Item 对象列表，见图 3.14 中的列表信息
InventoryDao	getInventory	通过传入的 itemid 参数获得库存（Inventory）对象	为宠物详细信息页面 Item.jsp 提供库存量，见图 3.15 中“现有存货 1000”中的 1000

3.3.3 编写访问各表的 DAO 类

以访问表 category 的 DAO 类 CategoryDao 为例进行说明。

通常访问数据库最主要的操作是增、删、查、改，所以 DAO 类要实现以下 4 个方法。

- select：提供查询功能。根据传入的 SQL 语句返回一个满足条件的 Category 对象列表（java.util.List 对象）。该方法实现对该表的查询，满足条件的记录都被转化成 Category 对象添加到将返回的 List 对象中。
- insert：提供插入，即增加功能。根据传入的 Category 对象作为一条记录插入到表 category 中。
- update：提供修改功能。根据传入的 Category 对象更新数据库记录，即修改表 category 中 catid 字段与 Category 对象的 catid 成员的值相等的记录的值。
- delete：提供删除功能。根据传入的 Category 对象删除表 category 中对应的这条记录，即删除表 category 中 catid 字段与 Category 对象的 catid 成员的值相等的记录。

实现了以上 4 个方法，可以很容易调用它们实现其他方法。根据表 3.2，可以知道 CategoryDao 还需要实现 getCategory 方法，这里是调用 select 方法实现。

CategoryDao 的代码如下（请观察 Category 对象封装数据的作用）：

```
package dao;

import domain.Category;
import java.sql.Connection;
import java.sql.PreparedStatement;
import java.sql.ResultSet;
import java.sql.Statement;
import java.util.List;
import java.util.ArrayList;

public class CategoryDao extends BaseDao {//继承 BaseDao 不用实现 getConnection 方法
    public   List select(String sql) throws Exception{
        List<Category> result=new ArrayList<Category>();
        Connection conn=null;
        PreparedStatement pstmt=null;
        ResultSet rs=null;

        conn=getConnection();
        pstmt=conn.prepareStatement(sql);
        rs=pstmt.executeQuery();
        while(rs.next()){
            //查询得到的数据都保存在 Category 对象的属性中
            Category obj=new Category(rs.getString("catid"), rs.getString("name"),
```

```
                rs.getString("descn"));//以当前记录的各字段值为参数生成一个 Category 对象
                result.add(obj);//将该对象添加到 result 中
            }
            rs.close();
            pstmt.close();
            conn.close();
            if (result.size()>0){
                return result;
            }
            else return null;
        }

    //参数为 Category 对象，具体数据需要获取属性得到
    public void insert(Category obj) throws Exception{
            Connection conn=null;
            PreparedStatement ps=null;
            String sql="INSERT INTO category values(?,?,?)";
            conn=getConnection();
            ps=conn.prepareStatement(sql);
            //从 obj 属性得到需要的数据
            ps.setString(1, obj.getCatid());
            ps.setString(2,obj.getName());
            ps.setString(3,obj.getDescn());
            ps.executeUpdate();
            ps.close();
            conn.close();
    }

    //参数为 Category 对象，具体数据需要获取属性得到
    public void update(Category obj) throws Exception{
            Connection conn=null;
            PreparedStatement ps=null;
            String sql="UPDATE category set name=?,descn=? where catid=?";
            conn=getConnection();
            ps=conn.prepareStatement(sql);
            //从 obj 属性得到需要的数据
            ps.setString(1,obj.getName());
            ps.setString(2,obj.getDescn());
            ps.setString(3, obj.getCatid());
            ps.executeUpdate();
            ps.close();
            conn.close();
    }

    //参数为 Category 对象，具体数据需要获取属性得到
```

```
    public void delete(Category obj) throws Exception{
            Connection conn=null;
            PreparedStatement ps=null;
            String sql="DELETE from category where catid=?";
            conn=getConnection();
            ps=conn.prepareStatement(sql);
            //从 obj 属性得到需要的数据
            ps.setString(1, obj.getCatid());
            ps.executeUpdate();
            ps.close();
            conn.close();
    }

    //调用 select 方法实现
    public Category getCategory(String categoryId) throws Exception {
            Category obj=null;
            List list=select("select * from category where catid='"+ categoryId + "'");
            if (list!=null) obj=(Category) list.get(0);
    return obj;
    }
}
```

其他表对应 POJO 类和数据库访问类 DAO 可参照实现。

3.3.4 DAO 类的使用

有了以上类的定义后，访问 category 表数据的代码就变得非常简单，再也看不到 JDBC 代码和 SQL 语句了。以下代码实现输出 category 表中 catid="FISH"的记录信息：

```
package dao;

import domain.Category;

public class TestCategoryDao{
public static void main(String args[]){
        CategoryDao dao=new CategoryDao();
        try{
                Category category= dao.getCategory("FISH");
                System.out.println("catID:"+category.getCatid());
                System.out.println("Name:"+category.getName());
                System.out.println("desc:"+category.getDescn());
        }catch(Exception e){e.printStackTrace();}
    }
}
```

如果实现了表 product 对应 POJO 类 Product 和 DAO 类 ProductDao，可以编写程序输

出鱼类（catid="FISH"）的所有品种信息，即输出图 3.13 所示页面需要的数据。

```
package dao;

import java.util.ArrayList;

import domain.Category;
import domain.Product;

public class TestCategoryDaoandProductDao{
    public static void main(String args[]){
        CategoryDao cDao=new CategoryDao();
        ProductDao pDao=new ProductDao();
        String catid="FISH";
        try{
            Category category= cDao.getCategory(catid);

            System.out.println(category.getName());
            System.out.println("商品编号\t 名称");

            ArrayList list=pDao.select("select * from    product where catid='"+ catid +"'");
            for (int i=0;i<list.size();i++){
                Product obj=(Product)list.get(i);
                System.out.println(obj.getProductid()+"\t"+obj.getName());
            }
        }catch(Exception e){e.printStackTrace();}
    }
}
```

作　业

一、选择题

1．假设已经获得一个数据库连接，使用变量 conn 表示，下列语句中能够正确地获得结果集的有________。（选 2 项）

A．Statement stmt=conn.createStatement();ResultSet rs=stmt.executeQuery ("select * rom category");

B．Statement stmt=conn.createStatement("select * from category");ResultSet rs=stmt. executeQuery();

C．PreparedStatement pstmt=conn.prepareStatement("select * from category");Result

Set rs=pstmt.executeQuery();

D．PreparedStatement pstmt=conn.prepareStatement();ResultSet rs=pstmt.executeQuery("select * from category");

2．假设已经获得 ResultSet 对象 rs，那么获取第一行数据的正确语句是________。

A．rs.hasNext();　B．rs.next();　C．rs.nextRow();　D．rs.isNext();

3．给定如下 Java 代码片段，假定已经获得一个数据库连接，使用变量 conn 来表示，要从表 Student 中删除所有 grade 字段值小于 60 的记录（grade 字段的数据类型为 integer），可以填入下画线处的代码是________。

```
String strSQL="delete from student where 60<?";
PeparedStatement pstmt=conn.prepareStatement(strSQL);
______________________________________________
pstmt.executeUpdate();
```

A．pstmt.setInt(0,60);

B．pstmt.setInteger(0,60);

C．pstmt.setInt(1,60);

D．pstmt.setInteger(1,60);

4．给定如下 Java 代码片段，假定查询语句是 select id,grade from student，并且已经获得相应的结果集对象，使用 rs 表示。现在要在控制台上输出 student 表中各行中 grade 字段（存储类型为 integer）的值，可以填入下画线处的代码是________。（选 2 项）

```
while(rs.next()){
    int id=rs.getInt("id");
    int grade=______________
    System.out.println(grade);
```

A．rs.getInt("grade");

B．rs.getInt(1);

C．rs.getInt(grade);

D．rs.getInt(2);

二、简答题

1．Category.jsp 页面需要哪些表的数据？具体哪些字段？

2．Product.jsp 页面需要哪些表的数据？具体哪些字段？

3．Item.jsp 页面需要哪些表的数据？具体哪些字段？

任务 3　为 catalog 模块准备数据并完成各表对应的 DAO 类

一、任务说明

1．为 catalog 模块准备好数据。

2. 熟悉数据库各表数据，特别是要了解 catalog 模块各页面上的数据需要从哪个表中获取。

3. 完成访问各表的 DAO 类。

二、开发环境准备

1. MySql 数据库，推荐使用 MySql5.0，可以从 http://dev.mysql.com/downloads/下载。

2. Navicat for MySQL，提供图形界面的 MySql 管理客户端工具，提供对数据库的管理、查询、浏览及其他辅助工具，试用版可从 http://www.navicat.com.cn/download 下载。

3. MySql JDBC 连接包，即 MySQL 的 JDBC 驱动程序，可从 http://dev.mysql.com/downloads/connector/j/5.1.html 下载。

三、完成过程

1. 通过运行脚本准备数据。

（1）可从电子工业出版社的华信教育资源网免费下载：ch3_create.sql（创建数据库 petstore 和表 category，product，item，supplier 以及 inventory 的脚本文件）、ch3_insert.sql（在表 category，product，item，supplier 以及 inventory 中插入数据的脚本文件）和 ch3_create_user.sql（为宠物商城创建一个用户 petstoreapp 的脚本文件）。

（2）在记事本中将 SQL 语句录入到文件，在 Navicat 中打开 ch3_create.sql 并运行，创建数据库 petstore 和表 category,product,item,supplier 以及 inventory。

（3）在 Navicat 中打开 ch3_create.sql 并运行 ch3_insert.sql（注意选择编码方式，见图 3.4），在表 category,product,item,supplier 以及 inventory 中插入数据。

（4）在 Navicat 中打开 ch3_create.sql 并运行 ch3_create_user.sql，为宠物商城创建一个用户 petstoreapp。

2. 在 mypetstore 项目中添加包。

（1）在 MyEclipse 包资源管理器中右击 mypetstore 项目的 src 文件夹，选择“新建”→“包”，增加包 domain，以存放创建的 POJO 类。

（2）在 MyEclipse 包资源管理器中右击 mypetstore 项目的 src 文件夹，选择“新建”→“包”，增加包 dao，以存放创建的 DAO 类。

3. 在包 domain 中创建并完成各表对应 POJO 类并编写测试类进行测试。

（1）参考教材完成类 Category。

（2）完成类 Product, Item 和 Inventory。

4. 在包 dao 中创建并完成各表对应的 DAO 类并编写测试类进行测试。

（1）参考教材完成 CategoryDao。

（2）完成 ProductDao,ItemDao 和 InventoryDao。

5. 编写程序输出 catalog 模块所有页面需要的数据。

（1）编写程序输出猫对应 Product 列表信息，如图 3.16 所示方框内数据。

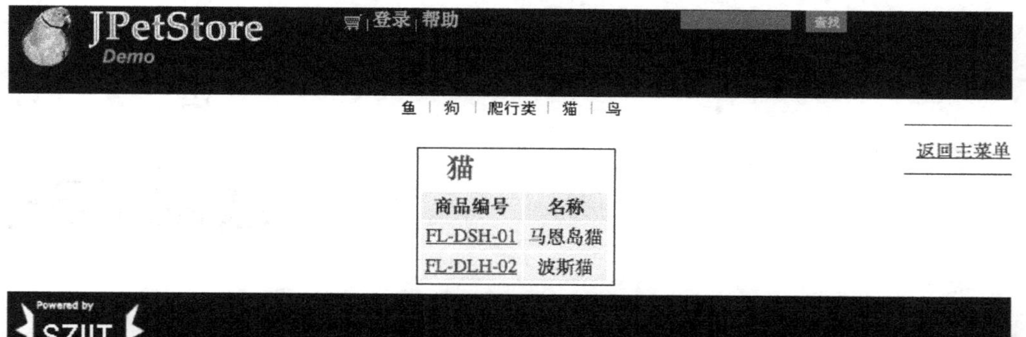

图 3.16 猫对应 product 列表信息

（2）编写程序输出波斯猫所有 Item 数据，如图 3.17 所示方框内数据。

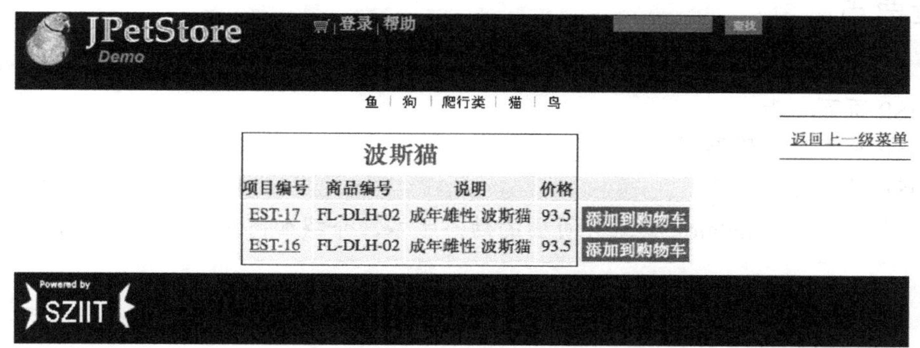

图 3.17 波斯猫对应 item 列表信息

（3）编写程序输出成年雌性波斯猫的详细信息，如图 3.18 所示方框内数据。

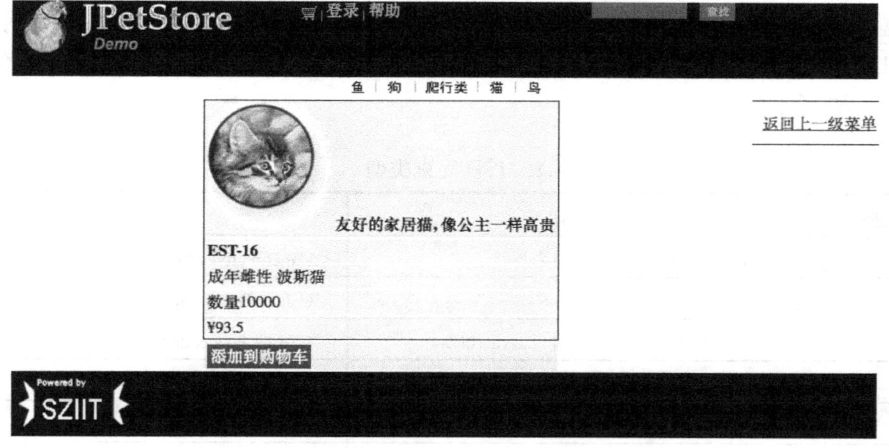

图 3.18 成年雌性波斯猫的详细信息

第4章 使用 JSP

本章要点

介绍 JSP 页面元素
介绍 JSP 页面生命周期
介绍 JSP 常用内部对象
通过开发主页面与 catalog 模块各页面的动态版本，介绍如何使用 JSP 开发动态网页

4.1 JSP 语法元素

像其他语言一样，JSP 也有自己的语法，并且包含多个语法元素完成不同的任务，如定义变量和方法，编写表达式，调用其他 JSP 页面等。这些语法元素都叫做 JSP 标签，可以分为 6 类，如表 4.1 所示。

表 4.1 JSP 元素类型

JSP 标签类型	说　明	标签语法
指令标签	发给 JSP 引擎的翻译时执行的命令	<%@ Directives %>
声明标签	定义和生命方法和变量	<%! Java Declarations %>
脚本标签	允许程序员在 JSP 页面自由编写 Java 代码	<% Some Java code %>
表达式标签	在 JSP 页面输出的 HTML 中输出值的缩写格式	<%= An Expression %>
动作标签	给 JSP 引擎提供请求时指令	<jsp:actionName />
注释标签	为 JSP 页面添加注释	<%-- Any Text --%>

代码 4-1 是一个简单计算页面访问次数的 JSP 页面，它示意了不同 JSP 元素的使用。

代码4-1 counter.jsp

```
<html><body>
<%@ page language="java" %>
<%! int count = 0; %>
<% count++; %>
Welcome! You are visitor number
<%= count %>
</body></html>
```

将该文件部署到chapter04应用程序，首次在浏览器的地址栏录入http://localhost:8080/chapter04/counter.jsp，并按回车，将在浏览器中显示如下内容：

```
Welcome! You are visitor number 1
```

刷新页面，显示的visitor number数将增1。

4.1.1 指令标签

指令标签向JSP引擎提供关于JSP页面的常规信息，共有3类指令：page, include和taglib。

page指令向引擎提供关于JSP页面的总体属性，如下面的page指令告诉引擎JSP页面将使用java 作为脚本语言。

```
<%@ page language="java" %>
```

include 指令告诉引擎在当前页面引入另一个文件（如HTML,JSP等）的内容。下面是一个使用include指令的例子：

```
<%@ include file="copyright.html" %>
```

taglib指令用于关联一个前缀和一个标签库。下面是一个使用taglib指令的例子：

```
<%@ taglib prefix="test" uri="taglib.tld" %>
```

taglib指令用到了第1章中提到过的uri属性。

指令标签以 <%@ 开始，并以 %> 结束。三个指令的基本语法如下：

```
<%@ page attribute-list %>
<%@ include attribute-list %>
<%@ taglib attribute-list %>
```

上面的attribute-list表示一个或多个属性-值对。关于指令标签，需要注意的是：

- 标签名称，它们的属性和属性值都是大小写敏感的。
- 值必须包含在一对双引号或单引号（英文）中。
- 一对双引号和一对单引号（英文）等价。
- 在等号和值之间不能有空格。

4.1.2 声明标签

声明标签定义或声明可以在 JSP 页面使用的方法和变量。下面是一个声明标签的例子：

```
<%! int count = 0; %>
```

上述代码声明了一个变量 count，并且初始化其值为 0。声明标签声明的变量值只在页面第一次加载时初始化一次，并且在后续的页面请求中保持它的值。这就是代码 4-1 的 count 变量不会在每次请求时重置为 0 的原因。

声明标签总是以 <%! 开始，以 %> 结束。它可以包含任意多合法的 Java 声明语句，如下面的代码使用一个声明标签声明了一个方法和一个变量：

```
<%!
    String color[] = {"red", "green", "blue"};
    String getColor(int i){
    return color[i];
    }
%>
```

也可以将上面 2 个 Java 声明语句放在 2 个 JSP 声明标签中，代码如下：

```
<%! String color[] = {"red", "green", "blue"}; %>
<%!
    String getColor(int i){
            return color[i];
    }
%>
```

需要注意的是，由于声明标签包含 Java 声明语句，所以变量声明语句必须以分号结束。

4.1.3 脚本标签

脚本标签是嵌入到 JSP 页面的 Java 代码片段，如 counter.jsp 中的 JSP 脚本：

```
<% count++; %>
```

每次页面被访问时，脚本都会被执行，count 值随着每次请求增 1。

由于脚本标签可以包含任何 Java 代码 ，它们常用来在 JSP 页面嵌入计算逻辑。不过也可以使用脚本标签输出 HTML 语句，下面的代码与代码 4-1 等价：

```
<%@ page language="java" %>
<%! int count = 0; %>
```

```
<%
out.print("<html><body>");
count++;
out.print("Welcome! You are visitor number " + count);
out.print("</body></html>");
%>
```

上面代码不是直接在页面中编写 HTML 代码，使用脚本获得了相同的效果。out 是 javax.servservlet.jsp.JspWriter 的一个对象，不用定义可以直接使用（叫内部对象或隐式对象）。

脚本标签总是以 <% 开始 ，以 %> 结束。需要注意的是：脚本标签内的代码必须是有效的 Java 代码，如下面的代码是错误的，因为它没有使用分号结束一个打印语句。

```
<% out.print(count) %>
```

4.1.4　表达式标签

表达式标签是 Java 语言表达式的占位符，下面是一个 JSP 表达式标签的例子：

```
<%= count %>
```

每次页面被访问时表达式都会被求值，表达式的值会嵌入到输出的 HTML 代码中。如前面的 counter.jsp 例子，可以用表达式来递增 count 的值：

```
<html><body>
<%@ page language="java" %>
<%! int count = 0; %>
Welcome! You are visitor number <%= ++count %>
</body></html
```

JSP 表达式标签总是以 <%= 开始，以 %> 结束。与表达式标签不同，表达式不能用分号结尾，所以下面的代码是错误的：

```
<%= count; %>
```

可以使用表达式输出任何对象或原始数据类型（int, boolean, char，等）的值。也可以使用表达式输出任何算术、逻辑表达式和方法调用返回的值。表 4.2 和表 4.3 列出了基于下列声明的合法和非法的表达式。

```
<%!
int anInt = 3;
boolean aBool = true;
Integer anIntObj = new Integer(3);
Float aFloatObj = new Float(12.6);
String str = "some string";
StringBuffer sBuff = new StringBuffer();
char getChar(){ return 'A'; }
%>
```

表 4.2　合法的表达式

表 达 式	说　　明
<%= 500 %>	一个整数字面值
<%= anInt*3.5/100-500 %>	算术表达式
<%= aBool %>	布尔变量
<%= false %>	布尔字面值
<%= !false %>	布尔表达式
<%= getChar() %>	返回字符值的方法
<%= Math.random() %>	返回 double 的方法
<%= aVector %>	Vector 对象
<%= aFloatObj %>	Float 对象
<%= aFloatObj.floatValue() %>	返回 float 的方法
<%= aFloatObj.toString() %>	返回 String 的方法

表 4.3　非法的表达式

表 达 式	说　　明
<%= aBool; %>	不能使用分号
<%= int i = 20 %>	不能在表达式中声明类型
<%= sBuff.setLength(12); %>	方法不返回任何值，用了分号

4.1.5　动作标签

动作标签是给 JSP 引擎的命令，在页面执行时，引导引擎完成某个任务，如下面的代码指示引擎在本页面的输出中包含另一个 JSP 页面 copyright.jsp 的输出：

```
<jsp:include page="copyright.jsp" />
```

共有 6 个动作标签：

- jsp:include
- jsp:forward
- jsp:useBean
- jsp:setProperty
- jsp:getProperty
- jsp:plugin

前面的 2 个标签 jsp:include 和 jsp:forward 使 JSP 页面可以复用其他的 Web 组件。jsp:useBean，jsp:setProperty 和 jsp:getProperty 用于在 JSP 页面中使用 JavaBean。jsp:plugin 指示 JSP 引擎生成合适的 HTML 代码嵌入客户端组件，如 applet。除了上面的 6 种动作标签，用户还可以自定义动作标签。

JSP 动作标签的语法如下：

```
<jsp:actionName attribute-list />
```

actionName 是前面提到的 6 个动作标签名称，attribute-list 表示动作标签的一个或多个属性-值对，与指令标签类似，动作标签也需要记住以下要点：

- 动作标签名称、属性和属性值是大小写敏感的。
- 值必须放在一对双引号或单引号（英文）中。
- 一对双引号和一对单引号等价。
- 在等号和值之间不能有 空格。

4.1.6 注释标签

注释标签不会影响 JSP 页面的输出，常用于给页面增加文档。JSP 注释的语法如下所示：

<%-- 任何注释语句 --%>

一个 JSP 注释总是以 <%-- 开始，以--%> 结束。可以在脚本中采用 Java 的注释符号为其中的 Java 代码增加注释。也可以使用 HTML 的注释为 JSP 页面中的 HTML 部分添加注释，如下所示：

```
<html><body>
Welcome!
<%-- JSP 注释 --%>
<% //Java 注释%>
<!-- HTML 注释 -->
</body></html>
```

注意：JSP 引擎会丢掉 <%-- 和 --%> 之间的内容，使用它可以注释掉大片 JSP 代码。

问题：下面哪一个指令标签是有效的？

```
a <% page language="java" %>
b <%! page language="java" %>
c <%@ page language="java" %>
```

答案：c。

问题：下面代码有什么错误？

```
<!% int i = 5; %>
<!% int getI() { return i; } %>
```

答案：声明标签以<%!开始而不是<!%。

问题：假设 myObj 是一个对象，m1()是 myObj 的有效方法，下面那些是合法的 JSP 代码？哪些是不合法的？

```
a <% myObj.m1() %>
b <%= myObj.m1() %>
c <% =myObj.m1() %>
d <% =myObj.m1(); %>
```

答案：不合法的有 a，c，d，如果 m1()方法没有返回值（为 void），则 b 也不合法。

4.2 JSP 网页是 Servlet

4.2.1 JSP 网页是 Servlet

虽然 JSP 页面在结构上像 HTML，但实际上它是 Servlet。JSP 引擎解析 JSP 文件并且创建一个对应的 Java 文件。这个 Java 文件声明一个 Servlet 类，这个类的成员与 JSP 文件中的元素直接对应。JSP 引擎编译这个类，加载它，并且像 Servlet 一样执行它。这个 Servlet 的输出会发送给客户端，图 4.1 示意了这个过程。

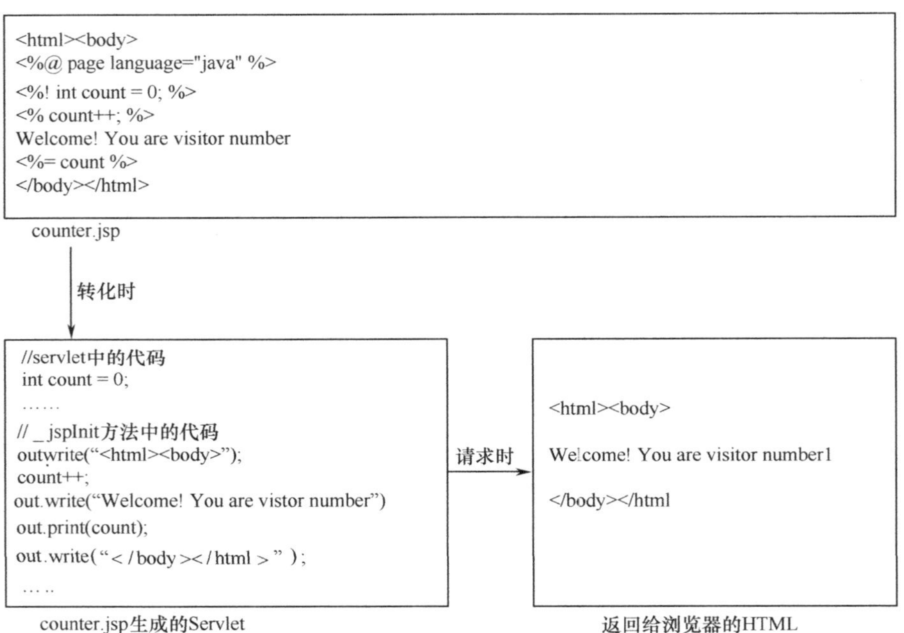

图 4.1　JSP 是 Servlet

4.2.2 理解转化单元

就像 HTML 页面可以包含其他 HTML 页面（如使用 frame）的内容，JSP 页面也可以包含其他 JSP 或 HTML 页面的内容（使用 include 指令）。当 JSP 引擎产生 Java 代码时也会将包含的页面的内容插入到产生的 Servlet 中。这些转化到一个 Servlet 中的内容称为一个转化单元。有些 JSP 标签会影响整个转化单元而不只是影响它定义的页面。这些标签包括：

- page 指令标签影响整个转化单元。
- 变量定义标签在一个转化单元中只能初始化一次。如果一个变量在 JSP 页面中已经声明，就不能在使用 include 指令标签包含的页面中再次声明，因为 2 个页面将组成一个转化单元。

- <jsp:useBean>动作标签不能在同一个转化单元中声明同一个 bean2 次。

4.3 理解 page 指令标签属性

Page 指令标签通知 JSP 引擎 JSP 页面的总体属性。指令标签应用于整个转化单元，不只是应用定义它的页面。表 4.4 列出了 12 个 page 指令标签的可能属性。

表 4.4 page 指令标签的可能属性

属性名	说明	默认值
import	由逗号隔开的在 jsp 页面要用到的 java 类和表列表	java.lang.*; javax.servlet.*; javax.servlet.jsp.*; javax.servlet.http.*;
session	Boolean 值，表示 jsp 页面是否参与会话	true
errorPage	指定代表本页面处理错误的另一个 jSP 页面的 URL	null
isErrorPage	说明本页面是否可以处理错误的 boolean 值	false
language	任何 JSP 引擎支持的语言	java
extends	任何实现 javax.servlet.jsp.JspPage 的有效类	依赖于实现
buffer	规定输出缓冲区的大小（以 KB 为单位），如果不要求缓冲，设为 none	依赖于实现
autoFlush	定义缓冲满时是否 flush 的 boolean 值	true
info	任何关于本页面的信息	依赖于实现
contentType	指定本页面的 MIME 类型和输出的字符编码	text/html;char set=ISO-8859-1
pageEncoding	指定本页面的字符编码	ISO-8859-1

4.4 JSP 常用内部对象

内部对象（又叫隐式对象）是 JSP 页面可直接使用的预定义变量，内部对象包括：

- request
- out
- session
- response
- exception
- pageContext
- application
- page

- config

下面主要介绍常用的内部对象 request、out 和 session。

4.4.1 request 与请求参数

request 是类 java.servlet.HttpServletRequest 的一个对象。当客户端请求一个 JSP 页面时，JSP 容器会将请求信息的内容包装在 request 对象中。请求信息的内容包括请求的头信息（header）、系统信息（如编码方式）、请求的方式（如 get 或 post）、请求的参数名、参数值等，这些信息都可以通过调用 request 的方法得到。通常用得最多的是客户端请求的参数名和参数值。

在第 1 章中提到过请求参数。请求参数就是追加到 URL 上的一个名称-值对。参数以问号（?）开始，并采用 name=value。如果存在多个 URL 参数，则参数之间用“&”符隔开。如 http://localhost:8080/mypetstore/catalog/Product.jsp?catid=FISH& productid=FI-FW-01，请求页面是 Product.jsp，有 2 个参数 catid 和 productid，值分别是 FISH 和 FI-FW-01。传递请求参数主要采用以下 2 种方式：直接在浏览器的地址栏中请求页面的 URL 后直接追加和通过表单域传递。

在浏览器的地址栏中请求页面的 URL 后直接追加，如图 4.2 所示。

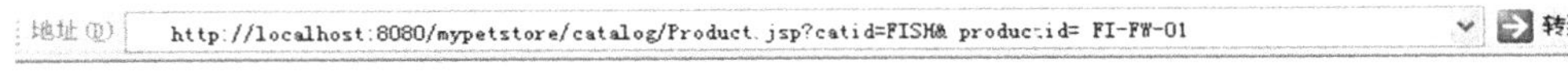

图 4.2　在浏览器的地址栏中请求页面的 URL 后直接追加请求参数

通过表单域传递请求参数，就是定义一个 HTML 表单，用与请求参数同名的表单域，用户按提交按钮提交表单后，将表单域的名称作为请求参数的名称，用户在表单域中录入的值作为参数值传递请求参数。

```
<FORM action=http://localhost:8080/mypetstore/catalog/Product.jsp >
    <input type=text name=catid ><!--名为 catid 的文本框-->
    <input type=text name= productid ><!--名为 productid 的文本框-->
    <input type=submit ><!--提交按钮-->
</FORM>
```

上面这段代码定义了一个 HTML 表单，将在浏览器中显示 2 个文本框和一个提交按钮，如果用户在第一个文本框中录入 FISH，在第二个文本框中录入 FI-FW-01（如图 4.3 所示），按提交按钮，将传递请求参数 catid（值为 FISH）和 productid（值为 FI-FW-01）。

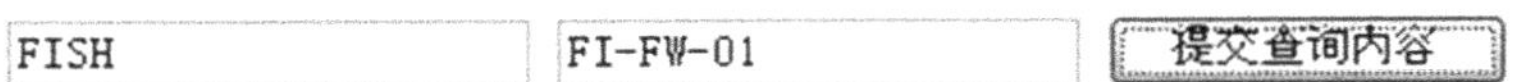

图 4.3　通过表单传递参数

可以通过 getParameterNames()得到所有的参数名，通过 getParameter()和 getParameterValues()得到参数值。

getParameter()只是适用于只有一个值的请求参数，如只有一个值的表单域的情况。在请求参数重名时，使用 getParameterValues()更方便。

在 4.6 节，“用 JSP 实现 Category.jsp”将使用 request 对象的 getParameter 方法获取请求参数的值。

4.4.2 out

out 对象是类 javax.servlet.jsp.jspWriter 的一个对象，out 对象提供了方法 print()和 println()，用于产生到浏览器的输出。

大部分时间都不需要调用 out.print()或 out.println 来产生输出。当在一大块 Java 代码中有输出的语句时，最好还是用 out.print ()或 out.println()，这样的程序代码紧凑、可读性好。

在 4.5 节，“用 JSP 实现品种列表 Category.jsp”将使用 out 对象的 print()方法产生到浏览器的输出。

4.4.3 session

session 是类 javax.servlet.http.HttpSession 的一个对象。session 指的是客户端与服务器端的一次会话，会话从客户连接到服务器开始，直到与服务器断开连接为止，在这个期间都可以使用与本次会话对应的 session 对象的属性与方法，所以使用 session 对象可以保存不同页面共享的信息，通过调用方法 setAttribute()和 getAttribute()方法来存储和访问保存在会话中的数据。

4.5 catalog 模块网页动态版本开发准备

4.5.1 实现思路

Petstore 的主页面和 catalog 模块各页面的动态版本实现遵循以下原则。

1. 在静态版本的基础上进行修改

通过 JSP 标记在静态版本的基础上增加动态内容，即增加 Java 代码获取需要显示的数据，然后用表达式标签显示出来。

2. 使用 include 指令复用文件

JSP 的 include 指令可以将重复的代码（如网页公共顶部 IncludeTop.jsp 和公共底部 IncludeBottom.jsp）包含进来，Main.jsp，Category.jsp，Product.jsp，Item.jsp 的页面如下

所示：

```
<%@ page language="java" contentType="text/html; charset=UTF-8" %>
<%@ include file="../common/IncludeTop.jsp" %>
主体部分代码
<%@ include file="../common/IncludeBottom.jsp" %>
```

3. 各页面通过传递不同的请求参数显示不同的内容

通过第 3 章的学习，我们知道：对于 Category.jsp 页面来说，只要知道 catid，就可以获得 Category.jsp 页面所需要的所有数据(通过 CategoryDao 的 getCategory 方法和 ProductDao 的 getProductsByCategory 方法)。JSP 可以通过 URL 来传递参数: jsp 页面? 参数名=参数值，如 Category.jsp? catid=FISH 表示显示鱼类的品种信息，Category.jsp? catid=CATS 表示显示猫类的品种信息，其他页面类似。

4.5.2 在 web.xml 中设置欢迎页面

当我们访问搜狐网站的首页面时，只需要在浏览器地址中输入地址：http://www.sohu.com/ 就可以了，在这个 URL 中并没有指定要访问的文件名实际上打开的是 http://www.sohu.com/index.jsp.index.jsp 是搜狐网站设置的欢迎页面。

欢迎页面就是 Web 应用的默认访问页面，一般在 Web 应用项目的配置文件 web.xml 中设置。如果要将 WebRoot 下的 index.jsp 设置为欢迎页面，那么只需要在 web.xml 文件中做如下配置：

```
<!--配置欢迎文件-->
    <welcome-file-list>
        <welcome-file>index.jsp</welcome-file>
    </welcome-file-list>
```

从上面代码可以看出：xml 文件同 HTML 文件一样使用<!-和-->在其中插入解释语句。

index.jsp 代码如下：

```
<%@page contentType="text/html; charset=UTF-8"%>
<link rel="StyleSheet" href="css/jpetstore.css" type="text/css" media="screen"/>

<div id="Content">
  <h2>欢迎来到宠物商城</h2>
  <p><a href="catalog/Main.jsp">进入宠物商城</a></p>
  <p><sub> 源自开源项目 JPetstore</sub></p>
  <!--<sub></sub>标记说明内含文本要以下标的形式显示，比当前字体稍小-->
</div>
```

在浏览器的地址栏中录入 http://localhost:8080/mypetstore，则将打开如图 4.4 所示页面。单击“进入宠物商城”链接即可打开商城主页面。

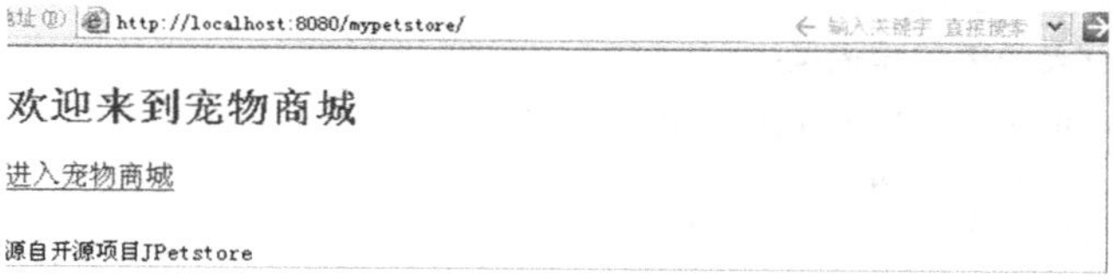

图 4.4　宠物商城欢迎页面

4.6　用 JSP 实现 Category.jsp

4.6.1　网页顶部文件 IncludeTop.jsp

IncludeTop.jsp 代码如下（注意黑体字部分）：

```
<%@ page language="java" contentType="text/html; charset=UTF-8"%>
<html >
<head>
  <title>宠物商店</title>
</head>
<body>
<div id="Header">
    <div id="Logo">
          <A href="../catalog/Main.jsp"><img src="../images/logo-topbar.gif"/></A>
  </div>

    <div id="Menu">
         <A href=".. /cart/ cartServlet?action=view"><img align="middle" name="img_cart"
         src="../images/cart.gif"/></A>
         <img align="middle" src="../images/separator.gif"/>
         <A href=""> 登录</A>
         <img align="middle" src="../images/separator.gif"/>
       <A href="../help.html">帮助</A>
  </div>

  <div id="Search">
          <!--以下 5 行使用<FORM>标记定义了一个表单-->
         <form method="post" action="暂为空">
          <input type= "text"   name="keyword" size="14"> 
           <input type="submit"
         value="查找"/>
      </form>
  </div>
```

```
<div id="QuickLinks">
 <!--以下 2 行是鱼类的超链接- ->
 <A href="../catalog/Category.jsp?catid=FISH">
<img src="../images/sm_fish.gif"/></A>
<!--以下 1 行是分隔竖条-->
<img src="../images/separator.gif"/>
<!--请在下面补充狗类的图像链接（图片文件名 sm_dogs.gif）、分隔竖条、爬行类图像链接（图片文件名 sm_reptiles.gif）、分隔竖条、猫类的图像链接（图片文件名 sm_cats.gif）、分隔竖条、鸟类的图像链接（图片文件名 sm_birds.gif）-->
   </div>
</div>

<div id="content">
```

使用 Header 层的 4 个子层 Logo、Menu、Search 和 QuickLinks 创建网页的公共顶部。注意在文件头添加了 page 指令<%@ page language="java" contentType="text/html; charset=UTF-8" >，这里通过 language 属性设置页面所用的语言是 java，contentType 属性设置 JSP 页面的 MIME 类型，中文的 JSP 页面该属性都需要设置成"text/html; charset=UTF-8"，才能正常显示。QuickLinks 只实现了鱼类的超链接，Search 层使用了表单（form），该表单有一个文本框，用于录入查找关键字。

运行 IncludedTop.jsp，得到如图 4.5 所示的页面效果。

图 4.5　未设置样式的 IncludedTop.jsp 页面效果

将图 4.5 与系统目标界面对比，还具有很大差距，需要用 CSS 设置，即在 jpetstore.css 中增加下面语句：

```
body {
  margin: 0ex 2ex 0ex 2ex;
  padding: 0ex;
  background-color: #444;
}

#Content {
  margin: 0;
```

```
    padding: 0ex 0ex 0ex 0ex;
    width: 99%;
    background-color: #FFF;
}

#Logo {
    width: 33%;
  float: left;
background-color: #000;
height: 11ex;
}

#Menu {
  width: 33%;
  float: left;
background-color: #000;
height: 11ex;
  }

#Menu, #Menu a, #Menu a:link, #Menu a:visited, #Menu a:hover {
    color: #eaac00;
    text-decoration: none;
}

#Search {
    width: 33%;
    float: left;
    background-color: #000;
  height: 11ex;
}

#Search input {
    border-width: .1ex .1ex .1ex .1ex;
    border-style: solid;
    border-color: #aaa;
    background-color: #666;
    color: #eaac00;
}

#QuickLinks {
    text-align: center;
    background-color: #FFF;
    width: 99%;
}
```

通过 heigh 属性设置层高度

在 IncludedTop.jsp 文件前添加如下代码：

```
<Link Rel="STYLESHEET" Href="../css/jpetstore.css" Type="text/css">
```

再打开 IncludeTop.jsp 文件，得到如图 4.6 所示效果页面。

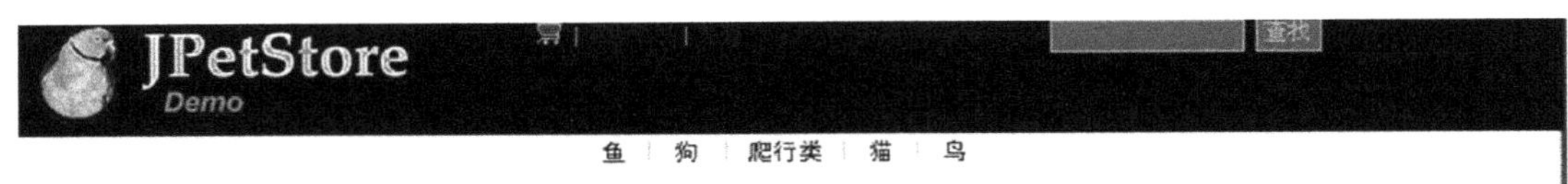

图 4.6 用样式表设置格式的 IncludedTop.jsp 页面效果

4.6.2 IncludeBottom.jsp

建立公共底部 HTML 文件 IncludeBottom.jsp，代码如下：

```
<%@ page language="java" contentType="text/html; charset=UTF-8"%>
<Link Rel="STYLESHEET" Href="../css/jpetstore.css" Type="text/css">
</div>
<div id="Footer">
    <a href="http://www.sziit.com.cn"><img src="../images/poweredbySziit.GIF"/></a>
  </div>
</body>
</html>
```

在 jpetstore.css 中增加下面语句，使得用背景色填充层的空白区域。

```
#Footer {
  width: 99%;
  float:left;
  background-color: #000;
}
```

通过 width 属性设置层占父层 99%的宽度空间，background-color 属性设置背景色为黑色（#000）达到效果

打开 IncludeBottom.jsp 文件，得到如图 4.7 所示的效果页面。

图 4.7 IncludeBottom.jsp 页面效果

4.6.3 用 JSP 实现 Category.jsp

在第 2 章创建的 Category.html 的代码上进行修改，得到 Category.jsp 的代码如下：

```
<%@ page language="java" contentType="text/html; charset=UTF-8" %>
<%@ include file="../common/IncludeTop.jsp" %>
<%@ page import="java.util.*,dao.*,domain.*" %>
<%
```

```
//通过访问数据库获得页面显示需要的数据并保存到 category 和 proList 中
        String catID=request.getParameter("catid");
        CategoryDao dao=new CategoryDao();
        Category category=(Category) dao.getCategory(catID);
        ProductDao pDao=new ProductDao();
        List products=pDao.getProductListByCategory(catID);
%>
<div id="content">
<div id="BackLink">
   <A href="Main.jsp">返回主菜单</A>
</div>
<div id="Catalog">
   <h2><%=category.getName() %></h2>
   <table>
      <tr><th>商品编号</th> <th>名称</th></tr>
      <%
//循环输出查询结果的值
for(int i=0;i<products.size();i++1{
      Product obj=(Product)products.get(i);
      String productID= obj.getProductid();
      String name=obj.getName();
out.println("<tr><td><A
href=\"Product.jsp?productid="+productID+"\">"+productID+"</A></td><td>"+name+"</td></tr>");
      }
      %>
   </table>
   </div>
</div>
<%@ include file="../common/IncludeBottom.jsp" %>
```

Category.jsp 是品种列表页面的 JSP 版本，所以对 Category.html 做相应调整可以得到 Category.jsp。前面嵌入的 Java 代码就是通过调用 DAO 类访问数据库获得页面显示需要的数据并保存到JSP变量category和products中使得后面可通过操作这2个变量显示页面的，后面嵌入的 java 代码就是循环输出查询结果的值。用到以下新的知识：

- 通过 include 导入公共头部和底部页面代码。

```
<%@ include file="../common/IncludeTop.jsp" %>
<%@ include file="../common/IncludeBottom.jsp" %>
```

- 通过 page 指令的 import 属性导入类。<%@ page import="java.util.*,dao.*,domain.*" %>就是引入 java.util 和包 dao 及包 domain 中的类,注意不同的类或包用逗号隔开，该语句等价于以下 3 个语句：

```
<%@ page import="java.util.*" %>
<%@ page import="dao.*" %>
<%@ page import="domain.*" %>
```

- 通过 JSP 内部对象 request 获得请求参数的值。request 是 JSP 内部对象，JSP 内部对象不用声明和定义可以直接使用。如 String catID=request.getParameter("catid"); 语句可以得到传递过来的请求参数 catid 的值，其中 catid 是参数名。

循环遍历 products 中的每个 Product 对象。

- 使用内部对象 out 向浏览器输出内容，其实就是返回一些 HTML 代码，只是这部分内容是动态生成的。

```
out.println("<tr><td><Aref=\"Product.jsp?productID="+productID+"\">"+productID+"</A></td><t
d>"+name+"</td></tr>");
```

上面语句就是动态生成<tr><td><A href="Product.jsp?productID=XXXXX"> XXXXX </A></td><td>YYYYY</td></tr>返回给浏览器的，其中 XXXXX 就是每一个品种对象的品种编号，由 obj.getProductid 得到；YYYYY 是每一个品种对象的名称，由 obj.getName() 得到。

在字符串中的双引号需要使用转义字符 \",直接用 " 只是表示字符串的开始或结束。如"<tr><td><A href=\"Product.jsp\""。

- 一个变量在其定义后的页面内都可使用，如 category 和 proList。

Category.jsp 的实现体现了使用代码标签嵌入 java 代码获得需要显示的数据（这里是 category 和 products），然后使用表达式标签输出数据，如<%=category.getName() %>。

可参照 Category.jsp 的实现，完成 Product.jsp 和 Item.jsp。需要注意的是 Product.jsp 和 Item.jsp 页面的右上角都有“返回上一级菜单”，不过 Product.jsp 返回 Category.jsp，需要传递一个参数 catid，这个参数值可以使用当前页面显示的 product 对象的 getCategory() 方法得到。同样 Item.jsp 返回 Product.jsp，需要传递一个参数 productid，这个参数值可以使用当前页面显示的 item 对象的 getProductid()方法得到。

作　业

一、选择题

1．给定 1.jsp 代码如下：

```
<%!
        int counter;
%>
<%=counter++%>
```

假定已经在机器 A 的浏览器中打开该页面，并刷新了 8 次，现在在机器 B 的浏览器中打开该页面，页面会显示_______。

A．0　　B．1　　C．8　　D．9

2．在一个 JSP 页面中包含了这样一种页面元素<% int counter=10;%>，这是

A．表达式　　B．小脚本　　C．JSP 指令　　D．注释

3．假定在一个 Web 应用中，cart 目录与 img 目录是同级目录，现在要在 cart 目录中的 Cart.jsp 中显示 img 目录中的图片 cart.gif，以下代码片段正确的是_______。

A．<img src="../img/cart.gif" >

B．<img src="/img/cart.gif" >

C．<img src="//img/cart.gif" >

D．<img src="./img/cart.gif" >

4. 在某个 JSP 页面中存在如下 4 行注释代码，运行该 JSP 后，能够在客户端看到的注释内容是_______。

A．<%--<%String s="hello";%>--%>

B．<!--HTML 注释-->

C．<%//循环语句 :for (int I=0;I<10;I++){}%>

D．<%/**以下代码输出品种列表*/%>

5．可以为页面 signOn.jsp 正确传递参数 password 和 userid 的 URL 是_______。

A．sigOn.jsp? userid =john& password =123

B．sigOn.jsp? userid =john+ password =123

C．sigOn.jsp? userid =john and password =123

D．sigOn.jsp? userid ="john"+ password ="123"

6．与 page 指令<%@ page import="java.util. *, com.sziit.petstore.domain.*" %>等价的是_______。

A．

```
<%@ page import="java.util. *" %>
<%@ page import=" com.sziit.petstore.domain.*" %>
```

B．

```
<%@ page import="java.util. * " import= "    com.sziit.petstore.domain.*" %
```

C．

```
<%@ page import="java.util. *" ;%>
<%@ page import=" com.sziit.petstore.domain.*"; %>
```

D．

```
<%@ page import="java.util. *; com.sziit.petstore.domain.*" %>
```

7．JSP 内部对象 request 的 getParameterValues()方法的返回值是_______。

A．String[]

B．Object[]

C．String

D．Object

8．下列选项中_______可以获取到请求页面的一个文本框的输入（假设文本框名称为keyword）。

A．request.getParameter("keyword");

B．request.getParameter(keyword);

C．request. getParameterValues ("keyword");

D．request. getParameterValues (keyword);

9．要把一个 Web 应用中的 index.jsp 设置成该 Web 应用的欢迎页面，以下代码片段正确的是_______。

A．

```
<welcome-file-list>
        <welcome-file>index.jsp</welcome-file>
</welcome-file-list>
```

B．

```
<welcome-file-list> index.jsp</welcome-file-list>
```

C．

```
<welcome-file >
        <welcome-file-list >index.jsp</welcome-file-list >
</welcome-file >
```

D．

```
<welcome-file>index.jsp</welcome-file>
```

10．阅读下面代码，从选项中选择一个正确的说法。________

```
<html><body>
<%! int aNum=5 %>
The value of aNum is <%= aNum %>
</body></html>
```

A．将输出"The value of aNum is 5"

B．由于声明标签有问题，将会在编译阶段出错

C．在执行表达式时抛出一个运行时异常

D．不会有编译错误，运行时也不出错，不会产生任何输出

11．下面________标签输出一个表达式的值。

A．<%@ %>　　B．<%! %>　　C．<% %>　　D．<%= %>　　E．<%= %>

12．下面选项___________声明本页面是一个出错处理页面并且参与会话。

A．<%@ page pageType="errorPage" session="required" %>

B．<%@ page isErrorPage="true" session="mandatory" %>

C．<%@ page errorPage="true" session="true" %>

D．<%@ page isErrorPage="true" session="true" %>

E．以上都不是

二、简答题

1．给定如下代码，请说明其中使用了哪些 JSP 页面标记，各有什么作用？

```
<%@ page language="java" contentType="text/html; charset=UTF-8"%>
<%@ include file="../common/IncludeTop.jsp" %>
<%@ taglib uri="http://java.sun.com/jsp/jstl/core" prefix="c" %>
```

2．给定如下代码，运行后，会出现什么样的问题，如何解决？

```
<%@ page language="java" contentType="text/html; charset=UTF-8"%>
<HTML>
<HEAD><TITLE>主页</ TITLE></ HEAD>
<BODY>
<%=欢迎访问该页面%>
</BODY>
</HTML>
```

任务 4 用 JSP+POJO+DAO+DB 实现 catalog 模块的动态网页版本

一、任务说明

在静态网页版本的基础上，使用 JSP、POJO 和 DAO 以及数据库得到 catalog 模块的动态网页版本。

二、开发环境准备

同任务 3 的开发环境。

三、完成过程

1．创建 mypetstore 项目并在 WebRoot 目录下创建 common、css、images 和 catalog 目录（如果在前面的任务中已经创建好，这步可省）。

2．按照 4.5.2 节所述修改 index.jsp 内容，并在 web.xml 中将 index.jsp 设置为欢迎页面。

3．参照教材，完成 IncludeTop.jsp。

（1）在 common 目录中创建一个 JSP 文件，命名为 IncludeTop.jsp。

（2）参照 4.6.1 节完成 IncludeTop.jsp 的代码。

4．参照教材，完成 IncludeBottom.jsp。

（1）在 common 目录中创建一个 JSP 文件，命名为 IncludeBottom.jsp。

（2）参照 4.6.2 节完成 IncludeBottom.jsp 的代码。

5．跟着老师做：得到 Category.html 对应的动态网页 Category.jsp。

（1）在 catalog 目录中创建一个 JSP 文件，命名为 Category.jsp。

（2）参照 4.6.3 节由 Category.html 得到 Category.jsp。

（3）运行该文件，查看页面效果是否正确。

6．完成 Main.html 对应动态网页 Main.jsp，注意修改相关链接内容，使得单击可转向 Category.jsp。

7．完成 Product.html 对应动态网页 Product.jsp，注意修改相关链接内容，使得单击可转向 Item.jsp 或返回 Product.jsp。

8．完成 Item.html 对应动态网页 Item.jsp，注意修改相关链接内容，使得单击可返回 Product.jsp。

使用 JavaBean/EL/JSTL/Servlet/统一业务接口

本章要点

介绍如何在 JSP 中使用 JavaBean
介绍如何使用 EL 和 JSTL 优化 JSP 页面，减少 Java 脚本
介绍 MVC 设计模式，使用经典的 MVC 模式：JSP+Servlet+JavaBean
定义统一的业务接口，将显示和业务部分分离

5.1 JavaBean

5.1.1 JavaBean 简介

JavaBean 是遵循某种严格协议的 Java 类。任何满足下列规定的类都可以看作是一个 javaBean：

- 有一个公共的不带参数的构造方法。这使得 JSP 引擎可以初始化它。
- 对于每一个属性都有 2 个公共的访问方法，又称为 getter 和 setter，允许 JSP 引擎访问和修改它的属性。

访问属性值的方法名必须是 getXXX()，修改属性值的方法名必须是 setXXX()，这里 XXX 是第一个字母大写的属性名，为了方便描述，以后分别用 getter 和 setter 分别表示获得属性值的方法和修改属性值的方法。

在下面的 getter 和 setter 方法中，属性名是 color，它的数据类型是 String：

```
public String getColor();
public void setColor(String color);
```

代码 5-1 是可以在 JSP 中作为 JavaBean 使用的 Java 类：AddressBean，它在 4 个私有属性中封装了地址信息，并且提供相关 setter 和 getter 方法访问它们。

代码 5-1：名为AddressBean的简单JavaBean类

```
public class chapter05.AddressBean
{
    //properties
    private String street;
    private String city;
    private String state;
    private String zip;
    //setters
    public void setStreet(String street){ this.street = street; }
    public void setCity(String city) { this.city = city; }
    public void setState(String state) { this.state = state; }
    public void setZip(String zip) { this.zip = zip; }
    //getters
    public String getStreet(){ return this.street; }
    public String getCity() { return this.city; }
    public String getState() { return this.state; }
    public String getZip() { return this.zip; }
}
```

AddressBean 类名以 Bean 结尾，虽然这不是要求的，但很多开发人员还是遵循这个约定（UserBean, AccountBean, 等）以区分 JavaBean 类和其他的一般的类，使得合作者对他们的意图很清楚。

在 Web 应用程序中，存放 bean 类的规则同存放其他类，如 Servlet 或第三方工具等一样。它们必须在 Web 应用程序的 classpath 中，即可以将它们存放在/WEB-INF/ classes 目录下，或放在/WEB-INF/lib 目录下的一个 JAR 文件中。为了使用它们，需要使用 page 指令的 import 属性导入它们。

JavaBean 从功能上可以分为封装数据的 JavaBean 和封装业务的 JavaBean。前面章节对应每个表建立的 POJO 类就是 JavaBean，它们用来封装数据。建立的 DAO 类也可以看作是 JavaBean，它们用来实现数据库访问，属于封装业务的 Java Bean。

5.1.2 在 JSP 中使用 JavaBean

<jsp:useBean> 创建一个 JavaBean 实例并指定它的名字和作用范围，其最常用的语法格式如下：

```
<jsp:useBean id="beanName"
        scope="page|request|session|application"
        class="beanClass"/>
```

id 属性用于指定 Bean 的实例（或对象）名称，class 属性指定了 Bean 类的名称，Bean 的 scope 属性确定了对创建的 Bean 对象的使用范围。

scope 属性可以是 page、request、session 和 application，默认值是 page。page 表示这个 Bean 对象在使用 JavaBean 的网页范围内有效；request 表示在请求过程范围内有效；session 表示从用户上网开始到结束的一个会话期间内有效；application 表示在整个应用程序期间有效。

注意：理解 scope 概念非常重要。后面的 EL 表达式的变量的范围、隐式对象都包括这四种：页面 page、请求 request、会话 session 和应用 application。应根据要求确定变量的范围。如果是购物车，则范围通常是 session，如果是统计登录用户人数，则范围通常是 application。

<jsp:useBean>首先会试图定位一个 JavaBean 实例（就是在 scope 中查找），如果这个 JavaBean 不存在，就创建一个。

创建了 JavaBean 实例之后，可以在 JSP 中使用 jsp:setProperty 动作标记设置 JavaBean 属性的值，其最常用的语法格式如下：

```
<jsp:setProperty name="beanName"
          property="propertyName"
          value="propertyValue"/>
```

如果用一个表达式为属性赋值，也要用引号将表达式括起来，如：

```
<jsp:setProperty name="beanName" property="name" value="<%=myValue%> "/>。
```

还可以通过 jsp:getProperty 动作读取 JavaBean 属性的值，其最常用的语法格式如下：

```
<jsp:getProperty name="beanName"
       property="propertyName" />
```

5.1.3 使用 JavaBean 的优势

下面给出一个在 JSP 页面中使用 AddressBean 的例子。在这个例子中捕获登录网站的访问者的信息，并且在会话生命周期内维护这些信息。代码 5-2 给出了一个带有输入表单的 HTML 页面代码。采用这个表单收集信息。

代码 5-2：addressForm.html

```
<html>
<body>
    Please give your address:<br>
    <form action="address.jsp">
        Street: <input type="text" name="street"><br>
        City: <input type="text" name="city"><br>
        State: <input type="text" name="state"><br>
        Zip: <input type="text" name="zip"><br>
```

```
        <input type="submit"><br>
        </form>
    </body>
    </html>
```

当用户填写完信息并提交表单，在服务器端完成下列任务：

（1）检查 AddressBean 是否已经在 session 中存在。

（2）如果不存在，创建一个新的 AddressBean 对象并把它添加到 session 中。

（3）对 HTML 的所有表单域调用 request.getParameter()方法。

（4）将相关数据保存到 AddressBean 对象中。

可以使用如下 Java 脚本完成上述任务：

```
<%@ page import="chapter12.AddressBean" %>
<%
        AddressBean address = null;
        synchronized(session)
        {
                //Get an existing instance
                address = (AddressBean) session.getAttribute("address");
                //Create a new instance if required
                if (address==null)
                {
                        address = new AddressBean();
                        session.setAttribute("address", address);
                }
                //Get the parameters and fill up the address object
                address.setStreet(request.getParameter("street"));
                address.setCity(request.getParameter("city"));
                address.setState(request.getParameter("state"));
                address.setZip(request.getParameter("zip"));
        }
        %>
```

不过 JSP 规范定义了一些标准动作用于处理 HTML 表单的输入和在 JSP 页面使用 JavaBean 共享数据。上面的 Java 脚本可以用下面的行代替（使用 JavaBean 的动作指令）：

```
<%@ page import="chapter5.AddressBean" %>
<jsp:useBean id="address" class="AddressBean" scope="session" />
<jsp:setProperty name="address" property="*" />
```

不只是代码短，而且 JavaBean 可以提供复用性。假设用请求参数的值为 AddressBean 的属性赋值后，希望将这些信息保存到数据库中。可以在页面中通过编写脚本代码（即使用<% %>插入 Java 代码）以打开数据库连接并保存 bean 的属性到数据库中。如果多个页面有这个需求，该怎么办？就需要的页面中重复这些脚本代码。一旦访问数据库的逻辑发生变化（如数据库更换），就必须修改所有的页面。如果将访问数据库的逻辑封装到 AddressBean 的方法中，则所有页面都可以调用这个方法，即使访问数据库的逻辑发生变化，也只需要修改 AddressBean 的代码，那些 JSP 页面不用进行任何修改。

5.2 EL 表达式

5.2.1 EL 表达式简介

表达式语言（Expression Language）EL 是 JSP 的一种计算和输出 Java 对象的简单语言，它简化了对 JSP 中对象的输出。一般要在使用 EL 的 JSP 页面的前面添加代码<%@ page isELIgnored="false" %>使 EL 表达式生效。

EL 表达式的语法结构是${expression}，从外观上很容易看出。EL 表达式和 JSP 表达式都允许程序员在静态显示中插入动态的信息。如果希望在页面中显示变化的数据，可以如下使用 JSP 表达式：

```
室外温度是 <%= temp %> 度。
```

或如下使用 EL 表达式：

```
室外温度是${temp}度。
```

2 个语句产生相同的页面效果并且 Web 容器处理它们的方式一样：一收到请求，就求出表达式的值将其转化为字符串，并插入到响应输出流中。

EL 表达式和 JSP 表达式还可以修改标签属性的值，如使用 JSP 表达式设置一个文本的 font 属性：

```
<FONT FACE=<%= font %>>这些语句使用 <%= font %> 字体。</FONT>
```

或使用 EL 表达式来处理：

```
<FONT FACE=${font}>这些语句使用 ${font}字体。.</FONT>.
```

但是 EL 表达式和 JSP 标准表达式有 2 个重要的区别需要牢记：首先是外观上的区别，所有 EL 表达式以“${”开始而以“}”结束，JSP 表达式用标签<%= %>；第二，EL 表达式不能使用脚本元素（<% %>）中声明的变量或声明标签(<%! %>）定义的变量。

在 JSP 表达式中，可以使用脚本声明变量，如以下代码没有问题：

```
<%! int num = 100; %>.
num 的值是 <%= num %>
```

但使用如下代码，将会出错，提示 num 未定义。

```
<%! int num = 100; %>
num 的值是${ num }
```

由于 EL 不能声明变量，需要用另外的方法创建变量的值，如可以使用标签<c:set>（见 5.3.3 节），或使用保存到 JSP 隐式变量（如 session,request 等）中的变量，如：

```
<%
int num=100;
request.setAttribute("num",num);
%>
num 的值是${ num }
```

5.2.2 在 EL 表达式中使用隐式对象

JSP 中可以直接使用隐式对象（内部对象）request,out,session 等获取信息。EL 也有可以在 EL 表达式中直接使用的隐式对象，如表 5.1 所示。

表 5.1 EL 表达式中可以使用的隐式对象

名　称	说　明	名　称	说　明
pageContext	访问 JSP 的隐式对象	Param	请求参数字符串的 MAP
pageScope	page 作用域属性的 MAP	paramValues	请求参数字符串数组的 MAP
requestScope	request 作用域属性的 MAP	header	请求头字符串的 MAP
sessionScope	session 作用域属性的 MAP	headerValues	请求头字符串数组的 MAP
applicationScope	application 作用域属性的 MAP	cookie	将 cookie 域匹配到一个对象的 MAP

与范围有关的 EL 隐含对象包含以下 4 个：pageScope、requestScope、sessionScope 和 applicationScope，分别对应 page、request、session 和 application4 个范围（作用域）。在 EL 中，这 4 个隐含对象可用来取得范围属性值。例如：我们要取得 session 中储存的一个属性 username 的值，可以利用下列方法：

```
session.getAttribute("username") 取得 username 的值，
```

在 EL 中则使用下列方法

```
${sessionScope.username}
```

使用 pageContext 变量可以访问 JSP 的隐式对象，如 application, session，request，response,out 等。为了显示页面的 JSPWriter 的缓冲区大小，可以使用：

```
${pageContext.out.bufferSize}
```

如果检索请求的 HTTP 方法，可以使用

```
${pageContext.request.method}或<%= request.getMethod() %>
```

注意：由于 EL 表达式使开发人员避免调用 Java 方法，所以不能使用如下的表达式：

```
${pageContext.request.getMethod()}
```

param 和 paramValues 变量可用来获得 ServletRequest 的输入。param 变量是 getParamete(String name)参数为 name 的结果，可以这样使用 EL 显示：

```
${param.name}
```

类似地，paramValues 使用 getParameterValues(String[]name)方法返回指定 name 的一个数组。

header 和 headerValues 变量与 param 和 paramValues 相似，只是它们从请求头获得值。下面的 EL 表达式显示从接收的请求头的 accept 字段的值：

```
${header.accept}
```

最后的隐式变量 cookie 返回 servlet 的 getCookies()方法的结果。

注意：对于${x}表达式，如${category}，解析程序会依次在 page, request, session 和 application 作用域中查找，即依次执行 getAttribute("category")，如果没找到名为 category 的属性，就返回 null。

5.2.3 EL 属性和集合访问操作符

既然是表达式，就肯定不只是变量，还有操作符或运算符，我们首先介绍属性和集合操作符。

使用属性操作符（.）可以访问对象的成员，如${car.engine.pressure}，显示某辆车引擎的压力值，这里 car 和 engine 都是对象，而且 engine 是 car 的属性。而集合访问操作符([])可以访问 Map, List 和数组的元素，在[]中给出下标或 Map 的 key。如果是 Map，如 header,${header["host"]}和${header.host}是等效的，它们都调用 header.get("host")方法显示表达式的结果。同样，headerValues.host 是一个数组，它的第一个元素可以为${headerValues.host[0]}。

5.2.4 EL 算术运算操作符

在 EL 中数值类型（Integer，BigInteger，Double 和 BigDecimal）变量可以使用的算术运算操作符：

- +：加。
- -：减。
- *：乘。
- div 和/：除。
- mod 和 %：取余。

这些操作符可以调用 java.lang.Math 中的相关方法得到希望的结果。但是要牢记操作符返回的数据类型。如一个浮点数值和一个定点数值的计算结果是浮点数值；一个低精度数值和一个高精度数值的计算（如一个 Integer 加一个 BigInteger）将得到一个高精度数值。

下面是一些 EL 算术操作符的使用例子，注意“e”可以在浮点数值中使用，表示指数计数值。

${2 * 3.14159} 的值是 6.28318。

${6.80 + -12}的值是-5.2。

${24 mod 5} 和 ${24 % 5}的值是 4。

${25 div 5} 和 ${25/5}的值是 5.0。

${-30.0/5}的值是-6.0。

${1.5e6/1000000}的值是 1.5。

${1e6 * 1}的值是 1000000.0。

字符串如果能转化成数值也可以出现在算术操作符中：

${"16" * 4}的值是 64。

${a div 4}的值是 0.0。

${"a" div 4} 产生一个编译错误。

当使用关系或逻辑运算操作符比较时，EL 值为 true 或 false 的布尔型结果。

5.2.5 EL 关系和逻辑运算符

EL 的关系运算符包括：

- == 和 eq：相等。
- != 和 ne：不等。
- <和 lt：小于。
- >和 gt：大于。
- <=和 le：小于等于。
- >=和 ge：大于等于。

关系运算可用于下列逻辑运算符：

- && 和 and：逻辑与。
- || 和 or：逻辑或。
- ! 和 not：逻辑反。

如：

${8.5 gt 4}的值为 true。

${(4 >= 9.2) || (1e2 <= 63)}的值为 false。

并且 EL 表达式还支持条件运算符，如：

${(5 * 5) == 25 ? 1 : 0} 的值是 1。

${(3 gt 2) && !(12 gt 6) ? "Right" : "Wrong"}的值是"Wrong"。

${("14" eq 14.0) && (14 le 16) ? "Yes" : "No"}的值是"Yes"。

${(4.0 ne 4) || (100 <= 10) ? 1 : 0}的值是 0。

问题：${(10 le 10) && !(24+1 lt 24) ? "Yes" : "No"}的结果是什么？

答案："Yes"

5.3 使用 Java 标准标签库（JSTL）

5.3.1 JSTL 标签简介

JSTL 是 JavaServe pages standard Tag Library 的缩写，即 JSP 标准标签库，它是由 Apache 基金组织的 jakarta 小组开发维护的，其主要功能是为 JSP Web 开发人员提供一个标准通用的标签库。开发人员可以利用这些标签取代 JSP 页面上的 Java 代码，从而提高程序的可读性，降低程序的维护难度。

JSTL 包含多个子库，提供不同类型的功能。

- core：通用处理标签，核心标签库。
- xml：解析、分析和传送 XML 数据的标签。
- fmt：为国际化格式化数据的标签。
- sql：访问关系数据库的标签。
- functions：处理字符串和集合的标签。

以上所有子库都很有用，但是需重点掌握核心（core）库，因为使用 core 库能完成 JSP 脚本可以实现的大部分处理：流程控制、操作和访问 URL，设置和显示变量的值等。

5.3.2 获得和安装 JSTL

要在页面中使用 JSTL，必须要在项目中添加 jstl.jar 和 standard.jar 包。如果使用高版本的 MyEclipse 创建 Web 项目，会自动包含这 2 个文件。如果 Web 项目中没有，Tomcat5.0 及以上版本都包含这 2 个文件，可以从下面所示目录复制它们到你的 Web 应用程序的 WEB-INF\lib 下：

```
TOMCAT_HOME\Webapps\jsp-examples\WEB-INF\lib
```

由于这些文件添加在你的 Web 应用程序的 WEB-INF\lib 下，不需要在 web.xml 中配置，容器就能找到它们。不过使用这些核心标签库的标签必须在 JSP 页面使用如下 taglib 指令：

```
<%@ taglib uri="http://java.sun.com/jstl/core_rt" prefix="c" %>
```

或

```
<%@ taglib prefix="c" uri="http://java.sun.com/jsp/jstl/core"%>
```

这样就可以在你的 JSP 页面用 c 前缀引用 JSTL 的核心标签库的标签了。

要使用其他 JSTL 标签（XML,国际化，数据库和 functions），需要在使用 JSTL 标签的 JSP 页面使用如下 taglib 指令标记：

```
<%@ taglib prefix="x" uri="http://java.sun.com/jsp/jstl/xml"%>
<%@ taglib prefix="i18n" uri="http://java.sun.com/jsp/jstl/fmt"%>
<%@ taglib prefix="sql" uri="http://java.sun.com/jsp/jstl/sql"%>
<%@ taglib prefix="fn" uri="http://java.sun.com/jsp/jstl/function"%>
```

5.3.3 常用 JSTL 标签

JSTL 的核心标签库按功能分为 4 类，如表 5.2 所示。

表 5.2 JSTL 核心标签库（按功能分类）

分　　类	JSTL 标签	说　　明
表达式操作	<c:catch>	捕获变量中的异常
	<c:out>	在页面中显示内容
	<c:set>	设置 EL 变量的值
	<c:remove>	删除一个 EL 变量
流程控制	<c:if>	按照属性是否等于某个值改变处理
	<c:choose>	按照属性是否等于某个值集改变处理
迭代操作	<c:forEach>	重复处理集合中的每个对象
	<c:forTokens>	重复处理一个文本域的所有字符子串
URL 处理	<c:url>	重写 URL 并对参数编码
	<c:import>	访问 Web 应用程序外的内容
	<c:redirect>	通知客户端浏览器访问另一个 URL

以下是 JSTL 常用标签的用法总结：

1．表达式操作

（1）<c:out>

作用：用于显示数据的内容。

语法 1：没有本体内容。

```
<c:out value="value" [escapeXml="{true|false}"] [default="defaultValue"] />
```

语法 2：有本体内容。

```
<c:out value="value" [escapeXml="{true|false}"]>
  default value
</c:out>
```

属性说明：

value：需要显示出来的值。

default：如果 value 的值为 null 时，则显示 default 指定的值。

escapeXml：是否转换特殊字符，默认为 true。即默认会将<、>、'、" 和 & 转换为 <、>、'、" 和&。如果设为 false，则不进行转换。

（2）<c:set>

作用：用于将变量的值存储在 JSP 范围中或 JavaBean 的属性中。

语法 1：将 value 的值存储在范围为 scope 的 varName 变量中。

```
<c:set value="value" var="varName" [scope="{page|request|session|application}"] />
<c:set value="100" var="num" scope="request"/>
num 的值是${num}
```

语法 2：将本体内容的数据存储在范围为 scope 的 varName 变量中

```
<c:set var="varName"   [scope="{page|request|session|application}"] >
...本体内容
</c:set>
```

语法 3：将 value 的值存储在 target 对象的 propertyName 属性中

```
<c:set value="value" target="target" property="propertyName" />
```

语法 4：将本体内容的数据存储在 target 对象的 propertyName 属性中

```
<c:set target="target" property="propertyName">
...本体内容
</c:set>
```

属性说明：

value：要被存储的值。

var：欲存入的变量名称。

scope：var 变量的 JSP 范围。默认为 page 范围。

target：为一 JavaBean 或 Map 对象。

property：指定的 target 对象的属性。

（3）<c:remove>

作用：移除变量。

语法：

```
<c:remove var="varName" [scope="{page|request|session|application}"] />
```

属性说明：

var：要移除的变量。

scope：var 变量所在的 JSP 范围，默认为 page 范围。

（4）<c:catch>

作用：用于处理产生错误的异常情况，并将错误信息存储起来。

语法：

```
<c:catch [var="varName"] >
...欲抓取错误的部分
</c:catch>
```

属性说明：

var：将错误信息存储在指定的变量中，可以通过该变量获取错误信息。

2. 流程控制

（1）<c:if>

作用：类似 if 判断语句，用于表达式判断。

语法 1：没有本体内容。

```
<c:if test="testCondition" var="varName" [scope="{page|request|session|application}"] />
```

语法 2：有本体内容。

```
<c:if test="testCondition" [var="varName"] [scope="{page|request|session|application}"] />
...本体内容
</c:if>
```

属性说明：

test：当该属性中的表达式运算结果为 true，则会执行本体内容，为 false 则不执行，该标签必须要有 test 属性。

var：存储 test 的运算结果，为 true 或 false。

scope：var 变量的 JSP 范围。

（2）<c:choose>、<c:when>、<c:otherwise>

作用：这三个标签必须组合使用，用于流程控制。

范例：

```
<c:choose>
<c:when test="${condition1}">
condition1 为 true
</c:when>
<c:when test="${ condition2}">
condition2 为 true
</c:when>
<c:otherwise>
condition1 和 condition2 都为 false
</c:otherwise>
</c:choose>
```

范例说明：当 condition1 为 true 时，会显示“condition1 为 true”；当 condition1 为 false 且 condition2 为 true 时，会显示“condition2 为 true”，如果两者都为 false，则会显示“condition1 和 condition2 都为 false”。

注意：若 condition1 和 condition2 的运算结果都为 true 时，此时只会显示“condition1 为 true”。

限制说明：

① <c:when>和<c:otherwise>标签必须在<c:choose>和</c:choose>之间使用。

② 在同一个<c:choose>中，<c:otherwise>必须是最后一个标签，且只能有一个

<c:otherwise>标签。<c:when>可以有多个。

③ 在同一个<c:choose>中，当所有<c:when>的test都为false时，才执行<c:otherwise>的本体内容。

3. 迭代操作

（1）<c:forEach>

作用：为循环控制。它可以将集合（Collection）中的成员循序浏览一遍。运作方式为当条件符合时，就会持续重复执行<c:forEach>的本体内容。

语法1：迭代一个集合对象中的所有成员。

```
<c:forEach items="collection" [var="varName"] [varStatus="varStatusName"] [begin="begin"] [end="end"] [step="step"] />
...本体内容
</c:forEach>
```

语法2：迭代指定次数。

```
<c:forEach [var="varName"] [varStatus="varStatusName"] begin="begin" end="end" [step="step"]>
...本体内容
</c:forEach>
```

属性说明：

items：被迭代的集合对象，可以是数组、List和Map。

var：存放当前指到的集合对象中的成员。

varStatus：存放当前指到的成员的相关信息，包括index、count、first和Last等属性（index：当前指到的成员的索引；count：当前总共指到成员的总数；first：当前指到的成员是否为第一个成员；last：当前指到的成员是否为最后一个成员）。

begin：迭代开始的位置，默认为0。

end：迭代结束的位置，默认为最后。

step：每次迭代的间隔数，默认为1。

范例：

```
<%
    int atts[] = {1,2,3,4,5,6,7,8,9,10};
    request.setAttribute("atts", atts);
%>
<c:forEach items="${atts}" var="item" begin="0" end="9" step="1" >
    ${item}</br>
</c:forEach>
```

此标签也可以用于普通的循环控制，与for循环一样。如：

```
<c:forEach begin="1" end="10" var="item" >
    ${item}</br>
</c:forEach>
```

（2）<c:forTokens>

作用：用指定分隔符分隔一字符串，并迭代分隔后的数组。

语法：

```
<c:forTokens items="stringOfTokens" delims="delimiters" [var="varName"] [varStatus="varStatusName"]
[begin="begin"]      [end="end"] [step="step"] >
    本体内容
  </c:forTokens>
```

属性说明：

items：被分隔并迭代的字符串。

delims：用来分隔字符串的字符。

var：存放当前指到的成员。

varStatus：存放当前指到的成员的相关信息，包括 index、count、first 和 Last 等属性。

begin：迭代开始的位置，默认为 0。

end：迭代结束的位置，默认为最后。

step：每次迭代的间隔数，默认为 1。

范例 1：

```
<c:forTokens items="A,B,C,D,E" delims="," var="item" >
        ${item}
</c:forTokens>
```

用“,”号分隔字符串，并迭代输出分隔后的字符串数组，输出结果为“ABCDE”。

范例 2：

```
<c:forTokens items="A,B;C-D,E" delims=",;-" var="item" >
         ${item}
</c:forTokens>
```

delims 中指定了三个分隔符“,”、“;”和“-”，可见我们一次可以设定所有想当做分隔字符串用的字符。输出结果依然为“ABCDE”。

4．URL 操作

（1）<c:import>

作用：将其他静态或动态文件包含到本身 JSP 网页中。不但可以包含同一个 Web application 下的文件，还可以包含其他 Web application 或其他网站的文件。

语法：

```
<c:import url=url" [var="varName"] [scope="{page|request|session|application}"] >
   [<c:param name="paramName" value="paramValue"/>]
  </c:import>
```

属性说明：

url：要包含至本身 JSP 网页的其他文件的 URL（必选）。

var：将包含进来的其他文件以字符串的形式存放到指定的变量中（可选）。

scope：var 变量的作用范围（可选）

<c:param>：可选子标签，用于向包含进来的其他网页文件传递参数。

范例：

```
<c:import url="http://java.sun.com" >
    <c:param name="test" value="1234" />
</c:import>
```

说明：当<c:import>标签中未指定 var 变量时，会直接将包含进来的其他网页文件内容显示出来，如果指定了 var 变量，则会将内容存放到 var 变量中，不显示。

（2）<c:url>

作用：生成一个 URL。

语法：

```
<c:url value="url" [context="expression"] [var="name"] [scope="scope"]>
  [<c:param name="expression" value="expression"/>]
 </c:url>
```

范例 1：

```
<a href="<c:url value=index.jsp'/>">index page</a>
```

在<a>超链接标签中生成一个 URL，指向 index.jsp。

范例 2：

```
<c:url value="index.jsp">
  <c:param name="keyword" value="${searchTerm}"/>
  <c:param name="month" value="02/2003"/>
</c:url>
```

生成一个 URL，并传递参数，生成的结果为 index.jsp?keyword=*&month=02/2003,*代表传递的 searchTerm 的值。

（3）<c:redirect>

作用：可以将客户端的请求从一个 JSP 网页导向到其他文件。

语法：

```
<c:redirect url="url">
  [<param name="paramName" value="paramValue">]
 </c:redirect>
```

将请求导向 URl 指向的其他文件。

注意：如果 JSTL 标签或 EL 表达式不能正常输出，可能是缺少使 EL 表达式有效和导入 JSTL 标签库的语句：

```
<%@ page isELIgnored="false" %>
<%@ taglib uri="http://java.sun.com/jsp/jstl/core" prefix="c" %>
……
```

5.4 优化宠物分类展现页面

5.4.1 使用<jsp:useBean>去掉宠物分类展现页面中的 new 语句

以 Category.jsp 为例说明，Product.jsp 和 Item.jsp 请参照修改。使用<jsp:useBean>去掉页面中的 new 语句，修改后的 Category.jsp 代码如下：

```
<%@ page language="java" contentType="text/html; charset=UTF-8"%>
<%@ include file="../common/IncludeTop.jsp" %>
<%@ page import="domain.*" %>

<jsp:useBean id="dao" class="dao.CategoryDao"></jsp:useBean>
<jsp:useBean id="pDao" class="dao.ProductDao"></jsp:useBean>
<%
String catID=request.getParameter("catid");
    Category category=dao.getCategory(catID);
List products=pDao.getproductsListByCategory(catID);
%>
<!--剩余代码-->
```

上面的代码使用 JSP 的 useBean 动作指令 jsp:useBean 在 JSP 中生成.CategoryDao 对象 dao 和 ProductDao 对象 proDAO。dao 和 proDAO 可以直接在页面后面的 Java 代码中使用，不再需要 new 语句调用构造方法进行初始化。

仿照 Category.jsp，修改 Product.jsp 和 item.jsp，使用<jsp:useBean>去掉页面中的 new 语句。

5.4.2 用 EL 表达式和 JSTL 标签简化宠物分类展现页面代码

以 Category.jsp 为例说明，Product.jsp 和 Item.jsp 请参照修改。

对于 5.4.1 节完成的品种列表页面 Category.jsp，通过使用 JSTL 标签替换 for 循环语句，使用 EL 表达式简化 Java 对象属性值的输出，可进一步优化 Category.jsp 的后面代码，优化后的代码如下：

```
<%@ page language="java" contentType="text/html; charset=UTF-8"%>
<%@ include file="../common/IncludeTop.jsp" %>
<%@taglib prefix="c" uri="http://java.sun.com/jsp/jstl/core"%>
<%@ page isELIgnored="false" %>
<%@>page import="java.util.*,domain.*"%>
<jsp:useBean id="dao" class="dao.CategoryDao"></jsp:useBean>
<jsp:useBean id="pDao" class="dao.ProductDao"></jsp:useBean>
<%
```

```
        String catID=request.getParameter("catid");
        Category category=dao.getCategory(catID);
        List products=pDao.getProductListByCategory(catID);
        /*将 category 的值保存到 request 中，即作为 request 的属性 attribute，以便后面的代码可以
使用 EL 表达式操作 category，如${category.name}*/
        request.setAttribute("category",category);
        requeet.setAttribute ("products",products);
    %>

    <div id="content">
    <div id="BackLink">
      <A href="Main.jsp">返回主菜单</A>
    </div>

    <div id="Catalog">
    <!--使用 EL 表达式输出-->
      <h2>${category.name}</h2>
      <table>
        <tr><th>商品编号</th>   <th>名称</th></tr>
        <c:forEach items="${products}" var="obj" >
        <tr><td><A href="Product.jsp?productid=${obj.productid}">${obj.productid}</A> </td>
            <td>${obj.name}</td></tr>
         </c:forEach>
    </table>
    </div>
    </div>
    <%@ include file="../common/IncludeBottom.jsp"%>
```

上面代码用到了以下新的技术：

- 由于页面用到 JSTL 核心标签<c:forEach>，所以使用 taglib 指令标记<%@taglib prefix="c" uri="http://java.sun.com/jsp/jstl/core"%>引入核心标签库。为了使代码简洁，建议将这行代码放到 IncludeTop.jsp 中，其他各页面就可以省略掉这行代码。
- <%@ page isELIgnored="false" %>使 EL 表达式有效，这行代码也可以放到 IncludeTop.jsp 中。
- 用 request. setAttribute("category",category);将 category 的值保存到 request 中。
- 使用 EL 表达式输出 Java 对象的值。如$ {category.name}，输出 category 的 name 属性的值。
- 使用 JSTL 迭代标签<c:forEach>实现遍历对象集合循环输出数据，取代 Java 脚本中的 for 循环语句。
- 另外使用 EL 表达式与静态文本组合在一起来构造动态请求参数值，简化页面代码。如<A href="Product.jsp?productid=${obj.productid}"，虽然也可用<c:url>来实现：<c:url value=""Product.jsp"> <c:param name=" productid value="${obj.productid}"/>，但显然前者可读性要好得多。

可仿照 Category.jsp 的修改，使用 EL 表达式和 JSTL 标签简化 Product.jsp 和 item.jsp

的代码。

对于 Product.jsp 和 Item.jsp，使用 EL 表达式简化代码优势非常明显。由于当 EL 表达式值为空时，在页面不会显示任何值，不像使用 JSP 表达式标签<%=%>值为空时将显示 null，这将大大简化页面代码。如${item.attr1}${item.attr2}${item.attr3}${item.attr4}${item.attr5}在 attr2~ attr5 为 null 时，只显示 attr1 的值（如图 5.1 和图 5.2 所示的矩形部分内容）。而使用 JSP 表达式标签<%=%>来显示，即<%=item.getAttr1()+item.getAttr2()+item.getAttr3()+item.getAttr4()+item.getAttr5()%>将会在页面上显示多个 null 值，所以在显示前要做处理。

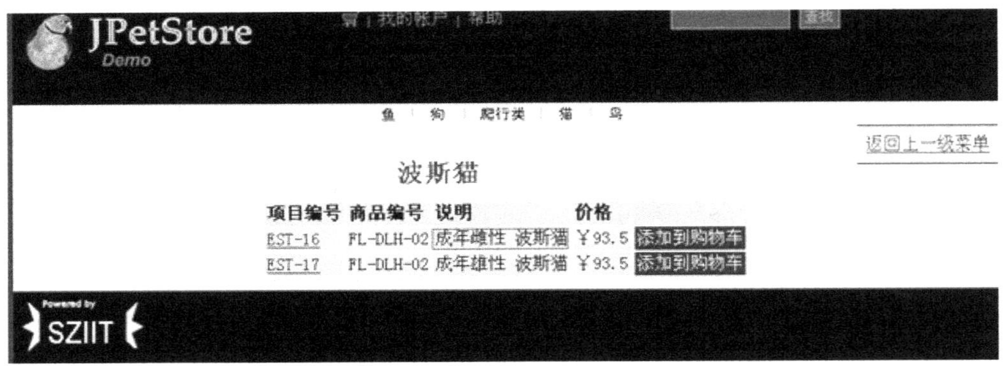

图 5.1 product.jsp 页面

图 5.2 item.jsp 页面

5.4.3 通过迭代使用 EL 表达式点符号简化对象属性的输出

EL 表达式可以通过迭代使用“.”符号简化对象属性的输出，以优化页面 Item.jsp 为例进行说明。如有一个 Item 对象 item，有对应 Product 的属性 product，要在页面上显示该 Item 对象对应的品种名称可以简单地使用 EL 表达式${item.product.name}即可，但要求 Item 类必须有 getProduct 方法。

为了优化页面 Item.jsp，需要做以下工作：

- 完善 Item 类，增加员变量 product 和对应 setter/getter。
- 使用 JSTL、EL 和 JavaBean 优化 Item.jsp。

1. Item 类

需要保证 Item 类具有 getProduct()方法，该方法获得该 Item 对象对应 Product 对象。

```
    public Product getProduct() {
        return new ProductDao().getProduct(productid);
    }
```

2. 使用 JavaBean、JSTL 和 EL 优化 Item.jsp

优化后的 Item.jsp 代码如下：

```
<%@ page language="java" contentType="text/html; charset=UTF-8"%>
<!--只是用到包 domain 中的类 Item 和 Inventory-->
<%@ page import="domain.*" %>
<%@ include file="../common/IncludeTop.jsp" %>
<!--如果在 IncludeTop.jsp 中有下行代码，可省略不写-->
<%@ taglib uri="http://java.sun.com/jsp/jstl/core" prefix="c" %>
<jsp:useBean id="inventDAO" class="dao.InventoryDao"></jsp:useBean>
<jsp:useBean id="iDAO" class="dao.ItemDao"></jsp:useBean>

<%
String productID=request.getParameter("productid");
String itemID=request.getParameter("itemid");
Item item= iDAO.getItem(itemID);
Inventory inventory= inventDAO.getInventory(itemID);
%>

<div id="content">
<div id="BackLink">
   <A href="Product.jsp?productid=<%=productID%>">
    返回上一级菜单</A>
</div>
<div id="Catalog">
  <table>
    <tr><td>${item.product.descn} </td></tr>
    <tr><td><b><%=itemID %> </b></td></tr>
    <tr><td><b><font size="4"> ${item.attr1}${item.attr2}${item.attr3}${item.attr4}${item.attr5}
        </font></b></td></tr>
    <tr><td>${ item.product.name}</td></tr>
    <tr><td>现有存货${inventory.quantity}</td></tr>
    <tr><td>￥${item.listprice}</td></tr>
    <tr><td><A class=" Button"   href="http://www.sziit.com.cn ">添加到购物车</A></td></tr>
  </table>
</div>
</div>
<%@ include file="../common/IncludeBottom.jsp"%>
```

由于 Item 有成员 product，所以${item.product.descn} 就表示在页面显示 item 的成员 product 的 descn 属性的值，${ item.product.name}表示在页面显示 item 的成员 product 的 name 属性的值。

5.5 JSP Model1、JSP Model2 及 Servlet

5.5.1 JSP Model1

如果 Web 应用程序动态页面只是用 JSP 实现，这种模式叫 JSP Model1，如图 5.3 所示，比较适合简单的系统。当系统比较复杂时，就会造成在 JSP 页面中嵌入大量的处理业务逻辑的 Java 代码，使得页面很难维护。

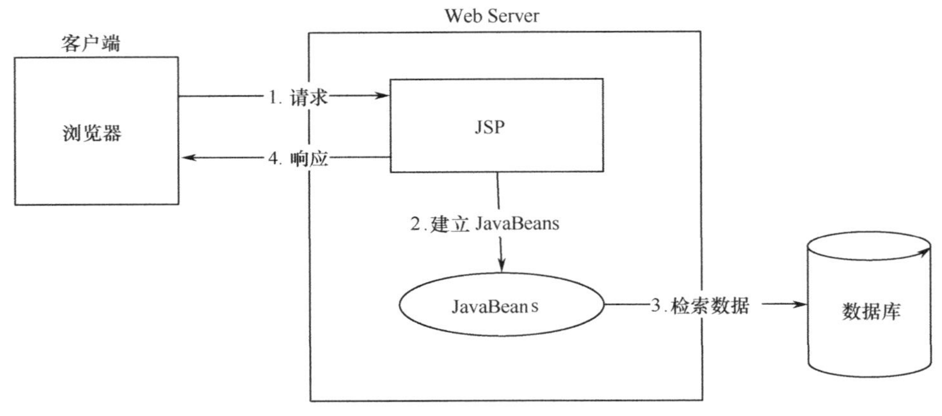

图 5.3 JSP Model 1

比较理想的是基于 MVC 的 JSP Model 2 模式，它充分结合了 JSP 和 Servlet 的优点。MVC 是模型（model）－视图（view）－控制器（controller）的缩写，一种软件设计模式。M 是指业务模型（企业数据和业务规则），V 是指用户界面，C 则是指控制器。使用 MVC 的目的是将 M 和 V 的实现代码分离，从而使同一个程序可以使用不同的表现形式。JSP Model 2 曾经是比较典型的 MVC 模式，其中 JSP 为 View，JavaBean 为 Model，Servlet 为 Controller。所有请求都是由 rvlet 处理，Servlet 充当 Contorller 角色，分析请求并收集响应用户的数据到 JavaBean（在这里充当 Model 角色）中，最后 Servlet 分发请求到 JSP 页面中，这些 JSP 页面使用 JavaBean 中的数据产生响应，即由 JSP 充当 View 角色，负责在预定义的页面模板中显示动态内容，如图 5.4 所示。该模式最大的优势是易于管理：Contorller 是应用程序唯一的入口，方便提供安全和状态管理；JSP 只负责显示，使得界面设计人员不用考虑复杂的业务逻辑。

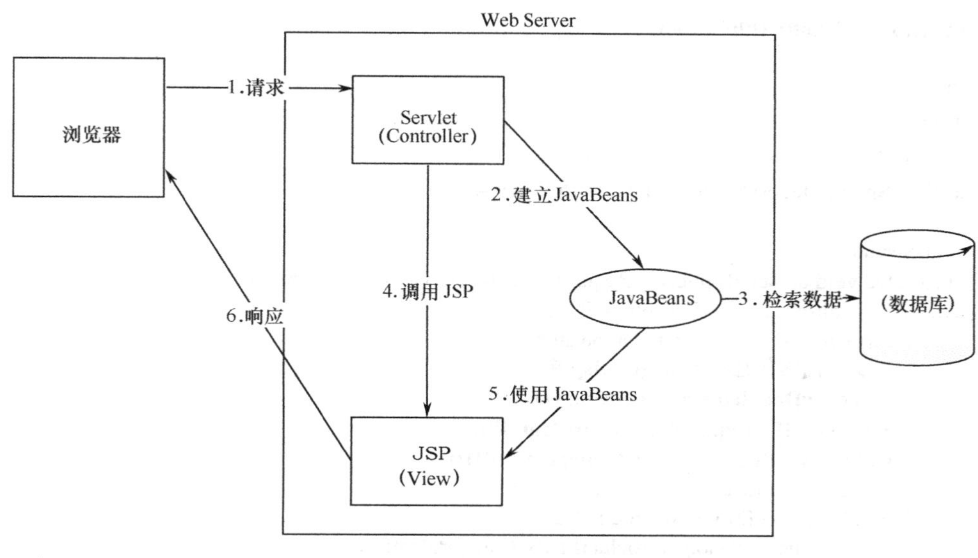

图 5.4　JSP Model2

5.5.2　Servlet

Servlet 看起来像是通常的 Java 类，它是在 Web 服务器上运行的小程序，是特殊的 Java 类，其特殊性包括但不止以下 2 点。

（1）一个 Servlet 需要导入 Java Servlet API 的包（servlet-api.jar），实现其中的 javax.servlet.Servle 接口。

（2）Servlet 需要在 web.xml 中配置。

由于 Servlet 使用起来比较复杂，已经被 Struts 取代。

下面通过使用 Servlet 去掉 PetStore 宠物分类展现页面中的 java 代码（分离显示和业务代码）来简单地示意 Servlet 的用法。

5.5.3　使用 Servlet 去掉 PetStore 宠物分类展现页面中的 Java 代码

1．定义 ShowCategoryServlet

ShowCategoryServlet 代码如下：

```
package servlet;

import java.io.IOException;

import javax.servlet.RequestDispatcher;
import javax.servlet.ServletException;
import javax.servlet.http.HttpServlet;
import javax.servlet.http.HttpServletRequest;
import javax.servlet.http.HttpServletResponse;
```

```
import javax.servlet.http.HttpSession;

import dao.*
import domain.*
import java.atil.*;
public class ShowCategoryServlet extends HttpServlet{

    @Override
    protected void doGet(HttpServletRequest req, HttpServletResponse resp)
            throws ServletException, IOException {
        // TODO Auto-generated method stub
         //以下代码曾经在 Category.jsp 中
        CategoryDao dao=new CategoryDao();
         String catID=req.getParameter("catid");
         Category category=dao.getCategory(catID);
          req.setAttribute("category", category);
          ProductDao pDao=new ProductDao();
          List products=pDao.getProcluctListByCategorg(catID);
                  req.setAttribute("products",products);
       RequestDispatcher rd=req.getRequestDispatcher("Category.jsp");
       rd.forward(req,resp);
    }

    @Override
    protected void doPost(HttpServletRequest req, HttpServletResponse resp)
            throws ServletException, IOException {
        // TODO Auto-generated method stub
        doGet(req, resp);
    }
}
```

分析一下 ShowCategoryServlet 的代码：

- HttpServlet 类是针对 http 请求的 Servlet 的根类，它实现了 Servlet 接口，提供了一些方法的默认实现，所以 ShowCategoryServlet 可以通过继承 HttpServlet 来实现。
- doGet 和 doPost 方法分别处理 GET 请求和 POST 请求，在 HttpServlet 中有默认实现，自定义的 Servlet 通常通过覆盖这 2 个方法来实现自己的功能。在本例中，ShowCategoryServlet 覆盖了 2 个方法，而且 doPost 就是直接调用 doGet，保证了 2 种形式的请求执行的结果一样。doGet 和 doPost 方法有 2 个参数，分别表示当前请求和对请求的响应。
- 在本例的 doGet 方法中，首先生成一个 CategoryDao 对象 dao，接着调用请求的方法获得请求参数 catid 的值，并保存到变量 catID 中（String catID=req.getParameter（"catid"）;），然后用 catID 的值作为参数调用 dao 的 getCategory 方法得到对应的 Category 对象 category（Category category=dao.getCategory(catID);），再将 category 保存到请求中（req.setAttribute("category", category);），再生成一个 ProductDao 对象 pDao,然后用 CatID 的值作为参数调用 pDao 的 getProductListByCategory 方法得到对应 category 的所有 Product 对象的列表 products，再将 products 保存到请求中，然后获得对应 Category.jsp 页面的请求分发对象 rd（RequestDispatcher rd=req.getRequestDispatcher（"Category.jsp"）;），最后调用 rd 的 forward 方法，实现

跳转到 Category.jsp 页面（该页面可以使用请求中的 category 显示数据）。

2．在 web.xml 中配置 ShowCategoryServlet

在 web.xml 中配置 ShowCategoryServlet 的代码如下：

```
<?xml version="1.0" encoding="UTF-8"?>
<Web-app>
    ……
   <servlet>
   <servlet-name>ShowCategoryServlet</servlet-name>
   <servlet-class>servlet.ShowCategoryServlet</servlet-class>
  </servlet>
  <servlet-mapping>
   <servlet-name>ShowCategoryServlet</servlet-name>
   <url-pattern>/catalog/ShowCategoryServlet</url-pattern>
  </servlet-mapping>
   ……
   <welcome-file-list>
      <welcome-file>index.jsp</welcome-file>
   </welcome-file-list>
</Web-app>
```

在 web.xml 中配置一个 Servlet，需要用到 2 组标签<servlet></servlet>和<servlet-mapping></servlet-mapping>；同一个 Servlet 在这 2 组标签中有共同的<servlet-name>XXX</servlet-name>，XXX 可以任意，在本例中是 ShowCategoryServlet；<servlet></servlet>标签组主要通过子标签<servlet-class></servlet-class>指明对应的 Servlet 类名（需要包含包名，如本例中的 servlet.ShowCategoryServlet）；<servlet-mapping></servlet-mapping>标签组主要通过子标签<url-pattern></url-pattern>指明 Servlet 的 URL，在本例中，ShowCategoryServlet 完整的URL 为 http://localhost:8080/mypetstore/catalog/ShowCategoryServlet。

3．优化 Catgory.jsp 代码

Category.jsp 的代码如下，注意已经去掉了 Java 代码和 javaBean 标签以及导入 domain 包的指令：

```
<%@ page language="java" contentType="text/html; charset=UTF-8"%>
<%@ include file="../common/IncludeTop.jsp" %>
<%@taglib prefix="c" uri="http://java.sun.com/jsp/jstl/core"%>
<%@ page isELIgnored="false" %>

<div id="content">
<div id="BackLink">
  <A href="Main.jsp">返回主菜单</A>
</div>
```

```
<div id="Catalog">
<!--使用 EL 表达式输出-->
  <h2>${category.name}</h2>
  <table>
    <tr><th>商品编号</th>   <th>名称</th></tr>
    <c:forEach items="${products}" var="obj" >
    <tr><td><A href="Product.jsp?productid=${obj.productid}">${obj.productid}</A> </td>
        <td>${obj.name}</td></tr>
     </c:forEach>
</table>
</div>
</div>
<%@ include file="../common/IncludeBottom.jsp"%>
```

5.6 使用统一的业务接口

5.6.1 设计一个系统共享的业务接口 PetStore

为了使系统具有更好的扩展性，我们重新设计宠物信息相关的业务逻辑处理部分。根据前面的经验可以知道，要保证宠物分类展现能够正确显示，业务逻辑处理部分需要提供如表 5.3 所示方法。

表 5.3 宠物信息相关页面和需要支持的方法

页　面	支 持 方 法
Category.jsp	通过分类编号获取分类对象的方法 Category getCategory(String catid) 提供某分类所有的商品对象列表 getProductListByCategory(String catid)
Product.jsp	通过品种编号获取品种对象的方法 Product getProduct(String productId) 提供某品种所有的系列对象列表 getItemListByProduct(String productid)
Item.jsp	通过系列编号获取系列对象的方法 Item getItem(String itemid) 通过系列编号获取库存对象的方法 Inventory getInventory(String itemid)

我们将以上方法封装到接口 PetStore 中。在 business 包中创建这个接口，即：

```
package business;

import java.util. List;

import domain.Category;
import domain.Item;
import domain.Product;

public interface PetStore {
```

```
Category getCategory(String categoryId);
Product getProduct(String productId);
Item getItem(String itemId);
 Inventory getInventory(String itemId);
 List getProductListByCategory(String catid);
 List getItemListByProduct(String productid);
}
```

如果要实现宠物商城的其他模块，如账户模块，只要在接口中添加相关方法即可。

5.6.2　设计接口 PetStore 的实现类 PetStoreImpl

PetStoreImpl 并不是自己实现 PetStore 接口中的方法，而是通过调用各 DAO 类来实现的。目前我们只实现了宠物列表部分，所以 PetStoreImpl 的代码如下：

```
package business;

……

public class PetStoreImpl implements PetStore{
//定义以下私有属性以调用 DAO 类的方法实现 PetStore 接口
  private CategoryDao categoryDao;
  private ProductDao productDao;
  private ItemDao itemDao;
  private InventoryDao inventoryDao;

  //构造方法，对成员变量初始化
 public PetStoreImpl(){
      categoryDao=new CategoryDao();
      productDao=new ProductDao();
      itemDao=new ItemDao();
      inventoryDao=new InventoryDao();
  }
  public Category getCategory(String catid) {
      return categoryDao.getCategory(catid);
  }
   public List getProductListByCategory(String catid) {
       return productDao. getProductListByCategory(catid);
  }

   public Product getProduct(String productid) {
       //自己补充代码完成
  }
 public List getItemListByProduct(String productid) {
       //自己补充代码完成
  }
      public Item getItem(String itemid) {
```

```
        //自己补充代码完成
    }

    public Inventory getInventory(String itemid) {
        //自己补充代码完成
    }
  //以下为 getter/setter 方法（不能少）
……
}
```

5.6.3 用 PetStoreImpl 实现宠物分类展现各页面

以修改 5.5.2 节实现的 ShowCategoryServlet 为例说明，ShowProductServlet 和 ShowItemServletp 的修改请参照完成。修改后的 ShowCategoryServle 代码如下：

```
……

public class ShowCategoryServlet extends HttpServlet{

    @Override
    protected void doGet(HttpServletRequest req, HttpServletResponse resp)
                throws ServletException, IOException {
        // TODO Auto-generated method stub
        HttpSession session=req.getSession();
        PetStore petStore=(PetStore) session.getAttribute("petstore");
        if(petstore==null) {
                petstore=new PetStoreImpl();
                session.setAttribute("petStore ", petStore);
        }

        String catID=req.getParameter("catid");
        Category category= petStore.getCategory(catID);
        req.setAttribute("category", category);
        List produets=petStore.getProductListByCategory(catid);
        req.setAttribute("products",products);

        RequestDispatcher rd=req.getRequestDispatcher("Category.jsp");
        rd.forward(req,resp);
    }

    @Override
    protected void doPost(HttpServletRequest req, HttpServletResponse resp)
                throws ServletException, IOException {
        // TODO Auto-generated method stub
        doGet(req, resp);
    }
}
```

修改后的代码有以下好处：

- 代码简洁很多。不管是ShowCategoryServlet，还是ShowProductServlet和ShowItemServlet，都只看到petStore，而不是CategoryDao，ProductDao，ItemDao和InventoryDao对象了，这就是统一接口的含义。
- 如果访问数据库的类（BaseDAO、CategoryDao、ProductDao、ItemDao和InventoryDao）改变，只需修改PetStoreImpl类的代码，不用修改ShowCategoryServlet，ShowProductServlet和ShowItemServlet。

作　　业

一、选择题

1．在JSP的动作指令中_______相当于创建一个JavaBean实例。

A．jsp:useBean　　B．jsp:setProperty　　C．jsp:getProperty　　D．forward

2．jsp:useBean动作指令的scope属性默认值是_______。

A．request　　B．page1　　C．session　　D．application

3．${user.name}等价于_______。

A．${user[name]}　　B．${user["name"]}______。

C．${user. "name"}　　D．以上都不对

4．以下说法错误的有_______个。

说法一：如果user是一个Map，则${user[1]}是正确的

说法二：如果user是一个List，则${user[1]}是正确的

说法三：如果user是一个数组，则${user[1]}是正确的

说法四：如果user是一个数组，则${user["1"]}是正确的

A．0　　B．1　　C．2　　D．3

5．如果EL表达式和JSTL标签都书写正确，其他地方代码也没错误，但不能正确输出，最可能的错误是_______。

A．缺少<%@ page isELIgnored="false" %>

B．缺少导入相关JSTL标签库的语句

C．以上都不对

6．阅读下列代码，

```
${param.name}
${param.age}
${param.sex}
${paramValues.age[1]}
```

在地址栏内输入地址后追加：name=sziit &age=7&age=8，显示结果是_______。

A．sziit 7　　B．sziit 7 7

C．sziit 7 null 7　　　　D．sziit 7 8

7. ________可以针对 HTTP 的 GET 请求进行处理与响应。

A. 重新定义 service()方法

B. 重新定义 doGet()方法

C. 定义一个方法名称为 doService()

D. 定义一个方法名称为 get()

8. 在 Web 容器中，以下________两个接口的实例代表 HTTP 请求对象。

A. HttpRequest　　　　B. HttpServletRequest

C. HttpServletResponse　　　　D. HttpPrintWriter

9. 在 Web 容器中，以下________两个接口的实例代表 HTTP 响应对象。

A. HttpRequest　　　　B. HttpServletRequest

C. HttpServletResponse　　　　D. HttpPrintWriter

10. 在 web.xml 中定义了以下内容：

```
<servlet>
    <servlet-name>Goodbye</servlet-name>
    <servlet-class>cc.openhome.LogutServlet</servlet-class>
</servlet>
<servlet-mapping>
    <servlet-name>Goodbye</servlet-name>
    <url-pattern>/goodbye</url-pattern>
</servlet-mapping>
```

________URL 可以正确地要求 Servlet 进行请求处理。

A. /GoodBye　　B. /goodbye.do　　C. /LoguotServlet　　D. /goodbye

11. HttpServlet 是定义在________包中。

A. javax.servlet　　B. javax.servlet.http　　C. java.http　　D. javax.http

12. 若要针对 HTTP 请求编写 Servlet 类，以下________是正确的做法。

A. 实现 Servlet 接口　　B. 继承　　GenericServlet

C. 继承 HttpServlet　　D. 直接定义一个结尾名称为 Servlet 的类

13. 下面哪一项正确使用了<jsp:useBean>？ ________。

A．<jsp:useBean id="address" class="chapter12.AddressBean" />

B．<jsp:useBean name="address" class="chapter12.AddressBean"/>

C．<jsp:useBean bean="address" class="chapter12.AddressBean" />

D．<jsp:useBean beanName="address" class="chapter12.AddressBean" />

14. 下面哪一项是获得 bean 的属性的正确方法？ ________。

A．<jsp:useBean action="get" id="address" property="city" />

B．<jsp:getProperty id="address" property="city" />

C．<jsp:getProperty name="address" property="city" />

D．<jsp:getProperty bean="address" property="*" />

15. 阅读下面代码：

```
<html><body>
    <jsp:useBean id="address" class="chapter12.AddressBean" scope="session" />
    state = <jsp:getProperty name="address" property="state" />
</body></html>
```

下面哪 3 个选项的代码与上面代码的第 3 行等价?________。

A．<% state = address.getState(); %>

B．<% out.write("state = "); out.print(address.getState()); %>

C．<% out.write("state = "); out.print(address.getstate()); %>

D．<% out.print("state = " + address.getState()); %>

E．state = <%= address.getState() %>

state = <%! address.getState(); %>

16. 哪 3 个选项查找 bean 的方式与下面动作标签等价？________。

```
<jsp:useBean id="address" class="chapter12.AddressBean"
scope="request" />
```

A．request.getAttribute("address");

B．request.getParameter("address");

C．getServletContext().getRequestAttribute("address");

D．pageContext.getAttribute("address",PageContext.REQUEST_SCOPE);

E．pageContext.getRequest().getAttribute("address");

F．pageContext.getRequestAttribute("address");

G．pageContext.getRequestParameter("address");

17. 哪一项关于下面代码的正确说法？________。

```
<html><body>
    ${(5 + 3 + a > 0) ? 1 : 2}
</body></html>
```

A．输出 1，因为语句有效

B．输出 2，因为语句有效

C．抛出异常，因为 a 没定义

18. 下面哪一个变量不能用于 EL 表达式？________。

A．param

B．cookie

C．header

D．pageContext

E．contextScope

19. 下面哪 2 个表达式不会返回请求头的 accept 字段?________。

A．${header.accept}

B．${header[accept]}

C．${header['accept']}

D．${header["accept"]}

E．${header.'accept'}

20．C 代表 JSTL 库，下面哪一个选项产生和<%= var %>相同的结果？________。

A．<c:set value=var>

B．<c:var out=${var}>

C．<c:out value=${var}>

D．<c:out var="var">

E．<c:expr value=var>

21．<c:if>的哪个属性指定条件表达式？________。

A．cond　B．value　C．check　D．expr　E．Vtest

22．下面哪一个 JSTL forEach 标签是合法的？________。

A．<c:forEach varName="count" begin="1" end="10" step="1">

B．<c:forEach var="count" begin="1" end="10" step="1">

C．<c:forEach test="count" beg="1" end="10" step="1">

D．<c:forEach varName="count" val="1" end="10" inc="1">

E．<c:forEach var="count" start="1" end="10" step="1">

23．下面哪 2 个标签可以在 JSTL choose 标签中？________。

A．case　B．choose　C．check　D．when　E．otherwise

二、简答题

1. JSTL 的常用标签有哪些？详细说明它们的用法与作用。

2. EL 中的作用域隐含对象有哪些？其作用域分别是什么？

任务 5　使用 JSTL/Servlet/EL/JavaBean 优化 catalog 的页面代码

一、任务说明

在第一个动态版本的基础上，使用 JSTL/Servlet/EL/JavaBean 优化宠物分类展现的页面代码高版本 MyEclipse 创建的 Web 项目已自带，不用添加。

二、开发环境准备

在任务 4 的开发环境的基础上，下载包 jstl.jar 和 standard.jar（JSTL 标签库）到 mypetstore 项目的 WEB-INF\lib 下。

三、完成过程

1. 使用<jsp:useBean>去掉 Category.jsp、Product.jsp 和 Item.jsp 中的 new 语句。

（1）参考教材完成使用<jsp:useBean>去掉 Category.jsp 的 new 语句。

（2）自己完成使用<jsp:useBean>去掉 Product.jsp 和 Item.jsp 中的 new 语句。

2. 用 EL 表达式输出 Java 对象属性的值方法简化 Category.jsp、Product.jsp 和 Item.jsp 代码。

（1）参考教材完成用 EL 表达式输出 Java 对象属性的值方法简化 Category.jsp 的代码。

（2）自己完成用 EL 表达式输出 Java 对象属性的值方法简化 Product.jsp 和 Item.jsp 的代码。

3. 使用 JSTL 的<c:forEach>标签取代 Category.jsp 和 Product.jsp 中的 for 循环语句。

（1）参考教材完成使用 JSTL 的<c:forEach>标签取代 Category.jsp 的 for 循环语句。

（2）自己完成使用 JSTL 的<c:forEach>标签取代 Product.jsp 中的 for 循环语句。

4. 参考教材完成 ShowCategoryServlet 并相应修改 Category.jsp。

5. 自己完成 ShowProductServlet，ShowItemServlet 并相应修改 Product.jsp 和 Item.jsp。

6. 参考教材完成接口 PetStore。

7. 自己完成接口 PetStore 的实现类 PetStoreImpl。

8. 参考教材使用 PetStoreImpl 重新实现 ShowCategoryServlet。

9. 自己完成使用 PetStoreImpl 重新实现 ShowProductServlet 和 ShowItemServlet。

第6章 使用过滤器

本章要点

介绍如何编写和配置过滤器
介绍如何创建请求和响应包装器

过滤器是 Servlet 新增的内容，其开发模式与 Servlet 非常类似，所以对比 Servlet 去学习会觉得非常简单。

6.1 什么是过滤器

过滤器主要用于对用户请求进行预处理，也可以对服务器端的响应进行后处理。

如图 6.1 所示，过滤器对用户请求进行预处理，接着将请求交给 JSP/HTML/Servlet 进行处理并生成响应，最后过滤器再对服务器响应进行后处理，然后将结果返回客户端。这样过滤器在请求和响应达到目的地之前监控它们。过滤器对于客户端和 Servlet 都是透明的。

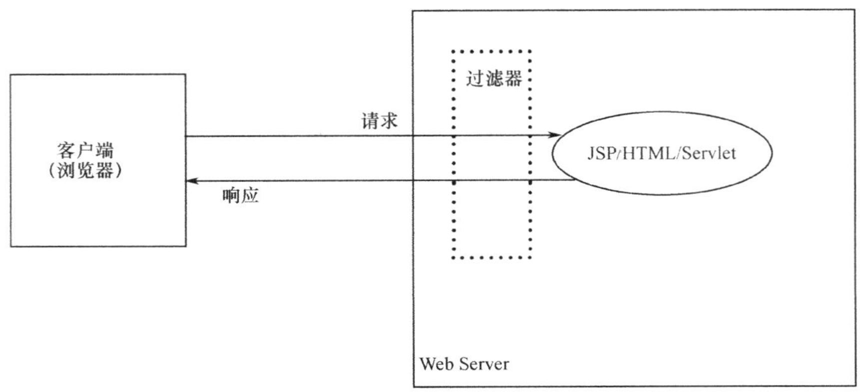

图 6.1 过滤器示意图

如果需要，也可以使用多个过滤器，组成一个过滤器链，其中每个过滤器对接收到的数据进行处理，而后传给链中的下一个过滤器继续处理，最后到达目的地，如图 6.2 所示。

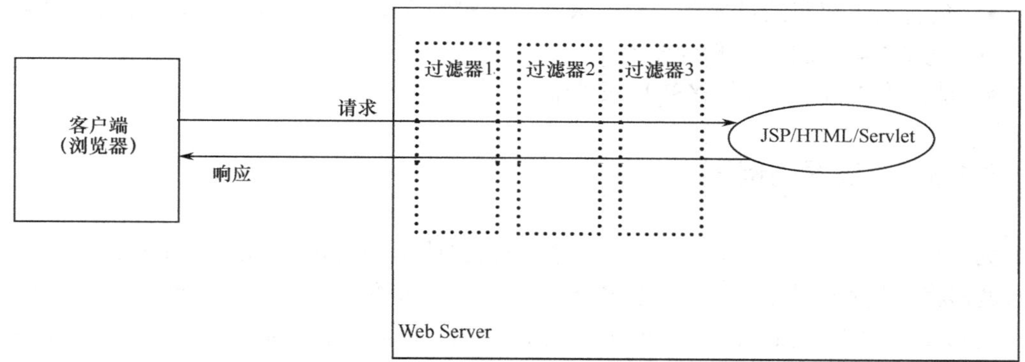

图 6.2 滤器链示意图

在图 6.2 中，处理请求的过滤器顺序是：过滤器 1，过滤器 2，过滤器 3，而处理响应的顺序正好相反：过滤器 3，过滤器 2，过滤器 1。

这是对过滤器的简单解释，其实过滤器可以做很多重要的工作：

- 分析请求并决定是将请求传递给目标资源，还是由过滤器自己产生一个响应。
- 在发送到目标之前修改请求。
- 在发送到客户端之前修改响应。

6.1.1 过滤器工作原理

每当 Web 服务器收到请求时会检查请求的目标是否有关联的过滤器，如果有，将这个请求传给过滤器，过滤器处理完请求后可能的动作如下：

- 自己产生响应返回给客户端。
- 将请求（可能已经修改）传给过滤器链中的下一个过滤器，或本过滤器是最后一个时将请求传给目标资源（如 JSP/HTML/Servlet）。
- 将请求传给不同于目标资源的服务器端资源。

对响应的处理过程类似，过滤器链中的每个过滤器都有可能修改响应。

6.1.2 过滤器的使用

过滤器有如下用处：

- 在用户请求到目标资源前，拦截用户请求。
- 根据需要检查用户请求，也可以修改用户请求头和数据。
- 在服务器响应到达客户端前，拦截服务器响应。
- 根据需要检查服务器响应，也可以修改服务器响应的头和数据。

过滤器有如下种类。

- 用户授权的过滤器：检查用户请求，过滤用户非法请求。如某些页面只有在用户登录以后才能访问，可以通过编写过滤器来检查。

- 日志过滤器：详细记录某些特殊的用户请求。
- 负责编码解码的过滤器：对请求解码，对响应编码。如图像转换过滤器、数据压缩过滤器、加密过滤器等。
- 能改变 XML 内容的 XSLT 过滤器。

6.1.3 过滤器的例子

为了更好地理解过滤器，本节编写一个具有类似日志功能的过滤器 LogFilter 来说明。这个过滤器将拦截所用请求，在服务器控制台输出服务器被访问的情况（请求路径和访问时间）。

类似于自定义的 Servlet 必须实现 Servlet 接口，过滤器必须实现 Filter 接口。Filter 接口定义了 3 个方法：init()，doFilter()，和 destroy()。

代码6-1：HelloWorldFilter.java

```
package filter;

import java.io.IOException;
import java.util.Date;
import javax.servlet.*;
import javax.servlet.http.HttpServletRequest;

public class LogFilter implements Filter
{
    private FilterConfig filterConfig;
    public void init(FilterConfig filterConfig){
        this.filterConfig = filterConfig;
    }
    public void doFilter(ServletRequest request,ServletResponse response,FilterChain chain) throws
 ServletException, IOException{
        //将请求转换为Web应用程序的HttpServletReques
        HttpServletRequest hRequest=(HttpServletRequest)request;
        //获得请求地址
        String requestPath=hRequest.getServletPath();
        Date begin=new Date();//获得当前时间
        chain.doFilter(request, response);//放行
        //在服务器控制台输出请求地址和访问时间
        System.out.println("request:"+requestPath+",accessTime:"+begin);
    }
    public void destroy(){
    }
}
```

从上面代码中可以看出，最重要的是 doFilter 方法。该方法以调用 chain.doFilter(request,

response)为分界：在调用之前实现对用户请求的预处理；调用之后对服务器响应的后处理。

该 Filter 仅记录用户请求的地址，对所有请求都执行 chain.doFilter(request, response) 方法，对请求过滤后，依然将请求发送到目的地址。

和 Servlet 一样，过滤器也需要在部署描述文件 web.xml 中配置：

```
<Web-app>
    <!-- 指定 过滤器名称和过滤器对应的类 -->
    <filter>
        <filter-name>log</filter-name>
        <filter-class>filter.CheckLoginFilter</filter-class>
    </filter>
    <!-- 关联过滤器和 URL 模式 -->
    <filter-mapping>
        <filter-name>log</filter-name>
        <url-pattern>/*</url-pattern>
    </filter-mapping>
</Web-app>
```

如果把上面的 filter 替换成 servlet，就是一个 servlet 配置，所以配置也同 servlet 类似。

配置好后，运行项目，在浏览器中录入项目任意网址，都会执行这个过滤器，即在服务器控制台显示 request:/xxxxx, accessTime:xxxxxx。

6.2　过滤器编程接口

过滤器是 Servlet 新增的内容，其编程相关的接口和类也在包 javax.servlet 和 javax.servlet.http 中。表 6.1 列出了编写过滤器可能用到的 3 个接口和 4 个类。

表 6.1　过滤器用到的类和接口

接口/类	说　明
javax.servlet.Filter 接口	通过实现该接口编写过滤器类
javax.servlet.FilterChain 接口	FilterChain 是一个由 servlet 容器提供给开发人员的对象，给出某资源的过滤请求的调用链视图。Filter 使用 FilterChain 调用链中的下一个过滤器，如果调用过滤器是链中的最后一个过滤器， 调用链尾部的资源。
javax.servlet.FilterConfig 接口	与 ServletConfig 类似，servlet 容器提供一个 FilterConfig 对象供开发人员获取过滤器的初始化参数
javax.servlet. ServletRequestWrapper 类	实现了 ServletRequest 接口
javax.servlet. ServletResponseWrapper 类	实现了 ServletResponse 接口
javax.servlet.http. HttpServletRequestWrapper 类	实现了 HttpServletRequest 接口
javax.servlet.http. HttpServletResponseWrapper 类	实现了 HttpServletResponse 接口

6.2.1 javax.servlet.Filter 接口

所有过滤器必须实现这个接口。该接口定义了 3 个方法，如表 6.2 所示。

表 6.2 javax.servlet.Filter 接口定义的方法

方　法	说　明
void init(FilterConfig)	应用程序启动时调用该方法
void doFilter(ServletRequest, ServletResponse, FilterChain)	URL 匹配该过滤器时调用该方法
void destroy()	应用程序关闭时调用该方法

以上 3 个方法与过滤器的生命周期相关。

1. init()方法

过滤器对象使用该方法进行初始化，该方法的声明如下：

```
public void init(FilterConfig filterConfig) throws ServletException;
```

这个方法与 Servlet 的 init(ServletConfig)方法类似，常用来保存 FilterConfig 对象以便后续使用，如果初始化失败，该方法抛出 ServletException 异常。

2. doFilter()方法

doFilter()方法与 Servlet 的 service()方法类似。Servlet 容器对 URL 匹配该过滤器的请求调用该方法，该方法的声明如下：

```
public void doFilter(ServletRequest request,
                     ServletResponse response,
                     FilterChain chain)
          throws java.io.IOException, ServletException;
```

过滤器对象使用该方法处理请求，转发请求给过滤器链中的下一个过滤器或直接对客户端进行响应。request 和 response 的参数类型分别是 ServletRequest 和 ServletResponse，说明过滤器不只是局限于 HTTP 协议。只是在 Web 应用程序中，这些参数的类型分别是 HttpServletRequest 和 HttpServletResponse。在 Web 应用程序中，使用这些参数前需要将其强制转发为 HttpServletRequest 或 HttpServletResponse，如前面的 LogFilter。

3. destroy()方法

Filter 接口的 destroy()方法与 Servlet 接口的类似，该方法的声明如下：

```
public void destroy();
```

destroy()方法是过滤器销毁前释放资源和完成清理任务的地方。该方法没有定义异常。

6.2.2 javax.servlet.FilterConfig 接口

FilterConfig 主要作用是获取部署描述符文件（web.xml）中分配的过滤器初始化参数，

它有 4 个方法，如表 6.3 所示。其实 Servlet 也有一个类似的 ServletConfig 接口。

表 6.3 javax.servlet. FilterConfig 接口定义的方法

方　法	说　明
String getFilterName()	返回过滤器在 web.xml 中定义的名称
String getInitParameter(String)	返回过滤器在 web.xml 中定义的参数值
Enumeration getInitParameterNames()	返回过滤器在 web.xml 中定义的所有参数名
ServletContext getServletContext()	返回与 Web 应用程序关联的 ServletContext 对象，过滤器可以使用它获得程序级别的属性

以下是在 web.xml 中对一个过滤器的配置：

```
<filter>
    <filter-name>ValidatorFilter</filter-name>
    <description>Validates the requests</description>
    <filter-class>com.manning.filters.ValidatorFilter</filter-class>
    <init-param>
    <param-name>locale</param-name>
    <param-value>USA</param-value>
    </init-param>
</filter>
```

上面的代码引入了一个名为 ValidatorFilter 的过滤器。Servlet 容器会创建一个 com.manning.filters.ValidatorFilter 的实例并与 ValidatorFilter 这个名字关联。初始化时，这个过滤器会通过调用 filterConfig.getParameterValue("locale")方法接收到名为 locale 的参数。

6.2.3 javax.servlet. FilterChain 接口

FilterChain 接口只有一个方法：

```
void doFilter(ServletRequest, ServletResponse);
```

过滤器对象的 doFilter()方法将调用该方法，保证请求在过滤器链中处理。

Servlet 容器提供了一个该接口的实现，并且传递一个实例给 Filter 接口的 doFilter()方法。在 doFilter()方法中，可以使用 FilterChain 接口传递请求给过滤器链中的下一个组件：可能是另一个过滤器，也可能是目标资源。FilterChain 接口的方法 doFilter 的 2 个参数 ServletRequest 和 ServletResponse 将传递给过滤器链中的下一个组件的方法 doFilter() 或 service()。

6.2.4 请求和响应包装类

ServletRequestWrapper 和 HttpServletRequestWrapper 实现了 ServletRequest 和 HttpServletRequest 接口。如果需要在将请求传递给下一个组件前修改请求，可以编写它们的子类来实现。类似地，如果需要修改从前一个组件接收的响应，可以编写

ServletResponseWrapper 或 HttpServletResponseWrapper 子类来实现。后面我们会使用 HttpServletRequestWrapper 和 HttpServletResponseWrapper 编写过滤器。

6.3 在 web.xml 中配置过滤器链

在 web.xml 中使用<filter>和<filter-mapping>配置过滤器。每个<filter>为 Web 应用程序引入一个新的过滤器，每个<filter-mapping>关联一个过滤器和一类模式相同的 URI。<filter> 和 <filter-mapping> 都在<Web-app>下定义，与 <servlet> 和 <servlet-mapping> 类似。下面重点介绍配置过滤器链和可用多个 <filter-mapping> 元素配置过滤器链。当 Servlet 容器接收到一个请求，它找出与请求 URL 匹配的所有过滤器作为过滤器链中的第一套过滤器，然后，它再用 Servlet 名字找出与 URL 匹配的所有过滤器作为过滤器链中的第二套过滤器。在 2 种情况下，过滤器顺序与在部署描述文件 web.xml 中配置的顺序一致。

为了更好地理解这个过程，代码 6-2 给出了一个例子。

代码6-2：显示过滤器链的web.xml

```
<Web-app>
    <filter>
        <filter-name>FilterA</filter-name>
        <filter-class>TestFilter</filter-class>
    </filter>
    <filter>
        <filter-name>FilterB</filter-name>
        <filter-class>TestFilter</filter-class>
    </filter>
    <filter>
        <filter-name>FilterC</filter-name>
        <filter-class>TestFilter</filter-class>
    </filter>
    <filter>
        <filter-name>FilterD</filter-name>
        <filter-class>TestFilter</filter-class>
    </filter>
    <filter>
        <filter-name>FilterE</filter-name>
        <filter-class>TestFilter</filter-class>
    </filter>
<!-- associate FilterA and FilterB to RedServlet -->
<filter-mapping>
<filter-name>FilterA</filter-name>
```

```
<servlet-name>RedServlet</servlet-name>
</filter-mapping>
<filter-mapping>
<filter-name>FilterB</filter-name>
<servlet-name>RedServlet</servlet-name>
</filter-mapping>
    <!-- associate FilterC to a request matching /red/* -->
    <filter-mapping>
        <filter-name>FilterC</filter-name>
        <url-pattern>/red/*</url-pattern>
    </filter-mapping>
    <!-- associate FilterD to a request matching /red/red/* -->
    <filter-mapping>
        <filter-name>FilterD</filter-name>
        <url-pattern>/red/red/*</url-pattern>
    </filter-mapping>
   <!-- associate FilterE to a request matching *.red -->
    <filter-mapping>
        <filter-name>FilterE</filter-name>
        <url-pattern>*.red</url-pattern>
    </filter-mapping>
    <servlet>
        <servlet-name>RedServlet</servlet-name>
       <servlet-class>RedServlet</servlet-class>
    </servlet>
    <servlet-mapping>
        <servlet-name>RedServlet</servlet-name>
        <url-pattern>/red/red/red/*</url-pattern>
    </servlet-mapping>
    <servlet-mapping>
        <servlet-name>RedServlet</servlet-name>
        <url-pattern>*.red</url-pattern>
    </servlet-mapping>
<Web-app>
```

从上面的代码中，可以看到如下关联：

- FilterA 和 FilterB 应用于 RedServlet 处理的请求。
- FilterC 应用于 URL 模式为/red/*的请求。
- FilterD 应用于 URL 模式为/red/red/*的请求。
- FilterE 应用于 URL 模式为*.red 的请求。

RedServlet 配置为匹配 URI 模式为 red/red/red/*和*.red 的请求。

表 6.4 给出了不同请求的过滤器链，在表中省略了 URL 的前面部分，因为它们都是 http://localhost:8080/chapter06/。

表 6.4　过滤器链中的过滤器顺序

请求 URI	过滤器调用顺序	原　因		
		请求被 RedServlet 处理的原因	通过 URL 模式匹配的过滤器	通过 servlet 名字匹配的过滤器
aaa.red	FilterE, FilterA, FilterB	*.red	FilterE	FilterA, FilterB
red/aaa.red	FilterC, FilterE, FilterA, FilterB	*.red	FilterC, FilterE	FilterA, FilterB
red/red/aaa.red	FilterC, FilterD, FilterE, FilterA, FilterB	*.red	FilterC, FilterD, FilterE	FilterA, FilterB
red/red/red/aaa.red	FilterC, FilterD, FilterE, FilterA, FilterB	*.red 和 /red/red/ ed/*	FilterC, FilterD, FilterE,	FilterA, FilterB
red/red/red/aaa	FilterC, FilterD, FilterA, FilterB	/red/red/red/*	FilterC, FilterD	FilterA, FilterB
red/red/aaa	FilterC, FilterD	NONE (404 Error)	FilterC, Filter D	
red/aaa	FilterC	NONE (404 Error)	FilterC	
red/red/red/aaa.doc	FilterC, FilterD, FilterA, FilterB	/red/red/red/*	FilterC, FilterD	FilterA, FilterB
aaa.doc	None	NONE (404 Error)		

观察表 6.4，可以得出以下结论：

- Servlet 容器先调用与 URI 匹配的过滤器，再调用与 Servlet 名字匹配的过滤器，所以 FilterC, FilterD 和 FilterE 总是先于 FilterA 和 FilterB 调用。
- 调用时，按照 FilterC, FilterD, FilterE 的顺序调用，因为在 web.xml 中就是按这个顺序配置的。
- 每当 RedServlet 被调用，FilterA ， FilterB 就按照这个顺序调用，因为在 web.xml 中就是按这个顺序配置的。

6.4　高级特性

除了监控客户端和服务器端组件的通信，过滤器还可以修改客户端和服务器之间的请求和响应，本节介绍相关内容。

6.4.1　使用响应包装类

包装类 ServletRequestWrapper, ServletResponseWrapper, HttpServletRequestWrapper 和 HttpServletResponseWrapper 的用法相同。它们的构造方法都以一个请求或响应对象作为

参数。可以继承它们并覆盖相关方法提供新的功能。

本节定义一个过滤器，使得请求一个报告（保存成.txt 文件）文件时，浏览器中不仅显示报告内容，而且有图片背景，如图 6.3 所示。

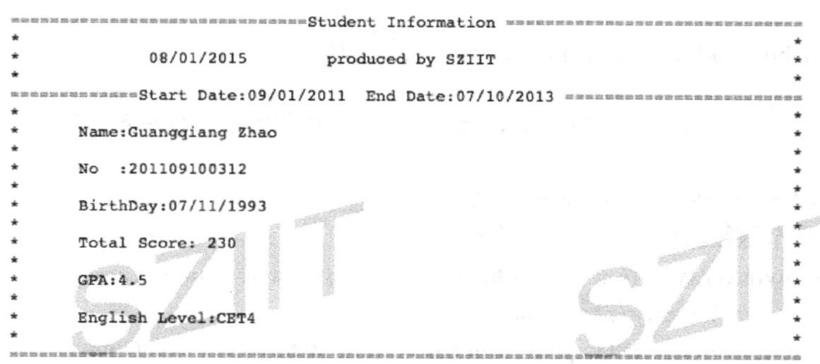

图 6.3　有图片背景的学生成绩报告

如下处理可以解决这个问题：

（1）将报告的内容嵌入到<html> 和 <body >之间，并且选择图片作为背景。

```
<html>
    <body background="bg.gif">
    <pre>
            报告内容
    </pre>
    </body>
</html>
```

<body>的 background 属性将显示一个图片（bg.gif）作为报告的背景。而<pre>标记将保持报告的文本数据格式不变。

（2）将响应对象包装到 HttpServletResponseWrapper 中，以便过滤器在返回到客户端前能够修改响应得到需要的 HTML。

代码 6-3 为 TextResponseWrapper 类的代码。

代码6-3：TextResponseWrapper.java

```
import java.io.*;
import javax.servlet.*;
import javax.servlet.http.*;
public class TextResponseWrapperextends HttpServletResponseWrapper
{
    //下面的内部类重写输出流对象的 write 方法将服务器端给它的内容（响应）储存
    //到字节数组中，不直接发送到客户端
    private static class ByteArrayServletOutputStream
    extends ServletOutputStream
    {
```

```
        ByteArrayOutputStream baos;//字节数组流对象，用于写入响应内容
        ByteArrayServletOutputStream(ByteArrayOutputStream baos)
        {
                this.baos = baos;
        }
        public void write(int param) throws java.io.IOException
        {
                baos.write(param);//重写 write 方法将响应内容写入字节数组流
        }
    }//ByteArraySenletOutputStream 类结束
    //定义字节数组流对象 baos，接收响应内容
    private ByteArrayOutputStream baos= new ByteArrayOutputStream();
    private PrintWriter pw = new PrintWriter(baos);
    private ByteArrayServletOutputStream basos= new ByteArrayServletOutputStream(baos);
    public TextResponseWrapper(HttpServletResponse response)
    {
        super(response);
    }
        public PrintWriter getWriter()//覆盖 getWriter()方法
    {
        return pw;
    }
        public ServletOutputStream getOutputStream()//覆盖 getOutputStream()方法
    {
        return basos;
    }
    //将服务器响应内容转换成字节数组的形式，供 Filter 调用
    byte[] toByteArray()
    {
        return baos.toByteArray();
    }
}
```

TextResponseWrapper 类创建了一个 ByteArrayOutputStream 类保存 Servlet 输出的数据，覆盖了 HttpServletResponse 的 getWriter() 和 getOutputStream()方法，返回一个基于 ByteArrayOuptutStream.定制的 PrintWriter 和 ServletOutputStream 对象，所以没有数据被发送到客户端。

代码 6-4 是过滤器 TextToHTMLFilter 的代码，TextToHTMLFilter 将一个文本报告转化成要求的 HTML 格式。

代码6-4：TextToHTMLFilter.java

```
import java.io.*;
import javax.servlet.*;
import javax.servlet.http.*;
```

```
public class TextToHTMLFilter implements Filter
{
    private FilterConfig filterConfig;
    public void init(FilterConfig filterConfig)
    {
        this.filterConfig = filterConfig;
    }
  public void doFilter(
  ServletRequest request,ServletResponse response,FilterChain filterChain) throws ServletException,
IOException{
        HttpServletResponse res = (HttpServletResponse) response;
        TextResponseWrapper trw = new TextResponseWrapper(res);
        //传递封装的请求和响应
        filterChain.doFilter(request, trw);
        String top = "<html><body background=\"textReport.gif\"><pre>";
        String bottom = "</pre></body></html>";
        //在 top 和 bottom 之间加入报告文件
        StringBuffer htmlFile = new StringBuffer(top);
        //对响应进行后处理
        htmlFile.append(new String(trw.toByteArray()));
        htmlFile.append("<br>"+bottom);
        //设置 contentType 为 text/html
        res.setContentType("text/html");
        //设置内容长度
        res.setContentLength(htmlFile.length());
        //将数据输出到 PrintWriter
        PrintWriter pw = res.getWriter();
        pw.println(htmlFile.toString());
    }
    public void destroy(){}
}
```

TextToHTMLFilter 将响应对象包装成 TextResponseWrapper 对象，然后使用 doFilter()方法将它们传递给过滤器链中的下一个组件。

当调用 filterChain.doFilter()返回时，文本报告已经写进 TestResponseWrapper 对象(trw)。我们定义的过滤器通过 trw.toByteArray()获得服务器返回的文本数据并将它嵌入 HTML 标签中，最后通过 PrintWriter 对象输出数据给客户端。

在 web.xml 中设置过滤器和过滤器映射。具体代码如下：

```
<filter>
    <filter-name>TextToHTML</filter-name>
    <filter-class>TextToHTMLFilter</filter-class>
</filter>
<filter-mapping>
    <filter-name>TextToHTML</filter-name>
    <url-pattern>*.txt</url-pattern>
```

```
</filter-mapping>
```

6.4.2 关于过滤器的重要内容

使用过滤器时需要注意：

在同一个 web.xml 文件中，每一个过滤器只有一个<filter>。Servlet 容器可以对同一个过滤器对象运行多线程同时处理多个请求。

6.4.3 过滤器充当 Controller 的优势

前面介绍的 JSP Model 2 遵循 MVC 模式，javaBean 充当 model，JSP 充当 View，Servlet 充当 Controller。一个请求或一组相关的请求由 Servlet 处理，Servlet 检索数据并生成 javaBean 对象保存数据，然后使用 RequestDispatcher 对象传递请求给相关的 JSP 页面。JSP 页面使用这些 javaBean 并产生显示（见第 5 章 ShowCategoryServlet 的代码）。

如果希望报告按 XML 或 HTML 格式的显示，需要开发 2 个页面 xmlView.jsp 和 htmlView.jsp。当用 JSP Model 2 实现时，Servlet 需要增加代码以产生 2 个页面需要的数据。在 Model 2 方式，客户端请求将会发送给这个 Servlet，这个 Servlet 将检索数据并转发请求给 xmlView.jsp 或 htmlView.jsp，所以 Servlet 将在代码中硬编码 JSP 页面的名称。这就意味着每增加一个页面就要修改 Servlet 的代码。

如果使用过滤器，就不存在上述问题。可以在过滤器（假设名为 MyFilter）中编码实现上面的 Servlet 的功能：检索数据并产生 javaBean 对象。开发 2 个页面 xmlView.jsp 和 htmlView.jsp 后，只要在 web.xml 中配置请求这 2 个 JSP 页面要调用该过滤器（见下面代码中的 2 个 filter-mapping）。当用户请求 xmlView.jsp 和 htmlView.jsp 页面时，由于过滤器先调用，当请求到达页面时，需要的 javabean 已经在过滤器中生成。过滤器不需要专门编码指定它将转向的相关页面。当希望多提供一个文本格式的显示时，只要开发一个 textView.jsp 文件，通过配置将过滤器应用于该文件（见下面代码中最后 1 个 filter-mapping），不需要修改过滤器的代码。在这种情况下，过滤器是比 Servlet 更好的 controller 选择。

```
<filter>
        <filter-name>MyFilter</filter-name>
        <filter-class>MyFilter </filter-class>
</filter>
<!--配置请求xmlView.jsp时使用过滤器MyFilter-->
<filter-mapping>
        <filter-name> MyFilter </filter-name>
        <url-pattern>xmlView.jsp</url-pattern>
</filter-mapping>
<!--配置请求htmmlView.jsp时使用过滤器MyFilter-->
<filter-mapping>
   <filter-name> MyFilter </filter-name>
        <url-pattern> htmlView.jsp </url-pattern>
```

```
</filter-mapping>
<!--配置请求textView.jsp时使用过滤器MyFilter-->
<filter-mapping>
    <filter-name> MyFilter </filter-name>
    <url-pattern> textView.jsp </url-pattern>
</filter-mapping>
```

作　业

选择题

1．下面哪三个是<filter-mapping>的子元素？ ________

A．<servlet-name>

B．<filter-class>

C．<dispatcher>

D．<url-pattern>

E．<filter-chain>

2．下面代码有什么错误？ ________

```
public void doFilter(ServletRequest req, ServletResponse, res,
FilterChain chain)
throws ServletException, IOException {
    chain.doFilter(req, res);
    HttpServletRequest request = (HttpServletRequest)req;
    HttpSession session = request.getSession();
    if (session.getAttribute("login") == null) {
        session.setAttribute("login", new Login());
    }
}
```

A. doFilter()方法签名有错，其参数必须是 HttpServletRequest 和 HttpServletResponse

B．doFilter()方法也会抛出 FilterException 异常

C．chain.doFilter(req, res)应该是 this.doFilter(req, res, chain)

D．chain.doFilter()后访问请求会抛出 IllegalStateException

E．这个过滤器没有错误

3．给出下面的过滤器映射：

```
<filter-mapping>
    <filter-name>FilterOne</filter-name>
```

```
        <url-pattern>/admin/*</url-pattern>
        <dispatcher>FORWARD</dispatcher>
</filter-mapping>
<filter-mapping>
        <filter-name>FilterTwo</filter-name>
        <url-pattern>/users/*</url-pattern>
</filter-mapping>
<filter-mapping>
        <filter-name>FilterThree</filter-name>
        <url-pattern>/admin/*</url-pattern>
</filter-mapping>
<filter-mapping>
        <filter-name>FilterTwo</filter-name>
        <url-pattern>/*</url-pattern>
</filter-mapping>
```

求/admin/index.jsp 导致的过滤器调用顺序是哪个。________

A．FilterOne, FilterThree

B．FilterOne, FilterTwo, FilterThree

C．FilterThree, FilterTwo

D．FilterThree, FilterTwo

E．FilterThree

F．没有过滤器会被调用

任务 6　使用过滤器解决宠物商城项目中的中文乱码问题

一、任务说明

在前面版本的基础上，使用过滤器解决账户注册、账户信息编辑和查找页面录入中文时的乱码问题。

二、开发环境准备

同任务 5。

第 7 章

实现购物车模块

本章要点

进一步熟悉 JSP，Servlet，EL，JSTL，特别是熟悉 JSP 内部对象 Session
熟悉面向对象开发方法
熟悉 MVC 设计模式
熟悉 Map（HashMap），List（ArrayList）数据结构的使用

7.1 购物车的页面及流程

在浏览 Product.jsp 页面或 Item.jsp 页面时，单击“添加到购物车”链接，则会将选中的项目添加到购物车中并打开购物车页面，如图 7.1 所示。单击“从购物车删除”或修改一些宠物的数量后单击“更新购物车”按钮，将刷新数据并重新显示购物车页面。

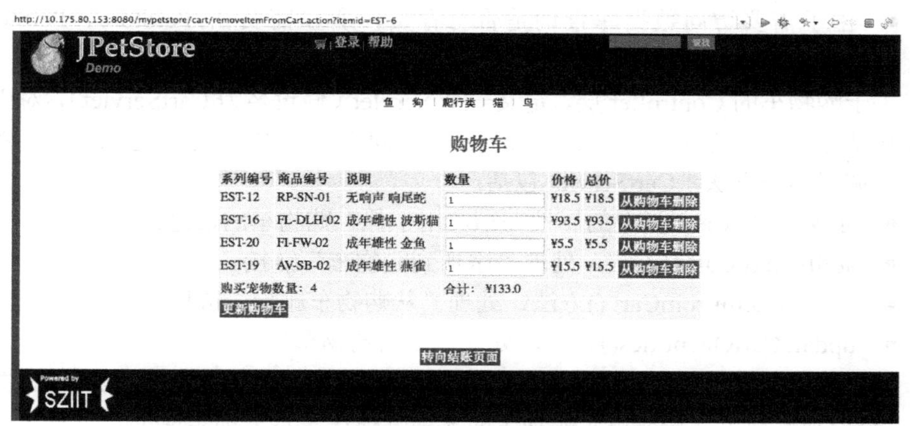

图 7.1 购物车页面

在购物车页面单击“转向结账界面”，将打开结账页面，如图 7.2 所示。

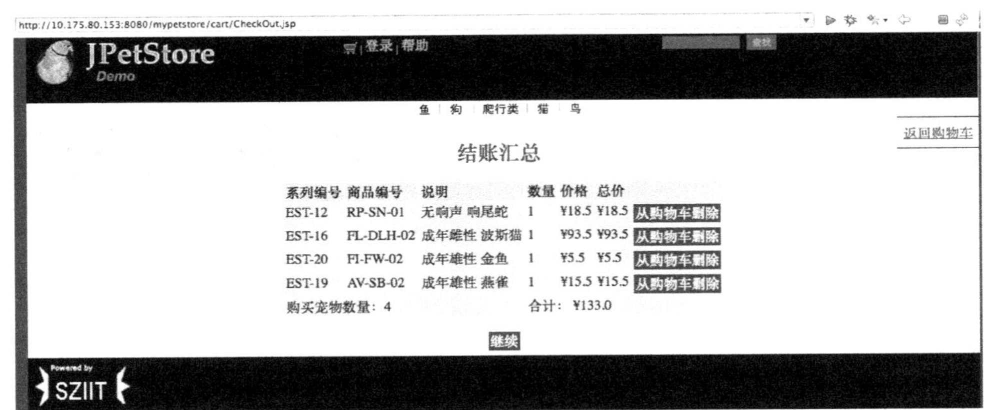

图 7.2 结账页面

在结账页面单击“继续”链接，将生成一个订单。订单相关内容不在本章讲述。

7.2 购物车实现思路

关于购物车的 View 层，分析购物车页面和流程，可以知道整个购物车功能只需要实现 2 个 JSP 页面：

- 编写购物车页面 Cart.jsp（图 7.1）。
- 结账页面 Checkout.jsp（图 7.2）。

关于购物车的 Model 层：

- 定义 Cart 类，描述购物车。
- 定义 CartItem 类，描述购物车中选中的某项宠物。
- 由于需要访问数据库查询是否有存货，所以需要在 PetStore、PetStoreImpl 和 Inventory 增加方法提供支持。

关于购物车的 Controller 层，定义一个 Servlet（假设名为 CartServlet），对引起购物车页面和结账页面变化的动作由 CartServlet 的不同方法完成，通过传递 action 参数区分不同操作，调用不同方法，CartServlet 包括：

- 定义一个 Cart 类型的属性 cart，用于保存购物车的信息。
- addItemToCart ()方法，处理“添加到购物车”链接。
- removeItemFromCart ()方法，处理“从购物车删除”链接。
- updateCartQuantities()方法，处理“更新购物车”。

为了便于理解，第 7.3 节以“添加到购物车”的实现为例，讲解购物车相关模块的实现。“添加到购物车”完成后，购物车的大部分模块基本上都实现了。

第 7.4 节讲解 removeItemFromCart()和 updateCartQuantities()的实现，完成“从购物车

删除”与“更新购物车”功能。

7.3 “添加到购物车”功能的实现

7.3.1 定义 CartItem 类

CartItem 类结构如图 7.3 所示。CartItem 类描述购物车中选中的某项宠物，由于 Item 类已经封装了宠物的大部分信息，我们在 CartItem 类中添加一个 Item 的属性，再增加 Item 类中没有而购物车页面又必须有的属性：表示选购数量的 quantity。则 CartItem 类的属性包括：

- item，表示某项宠物的详细信息。
- quantity，表示选购数量。

同时，根据需要增加 2 个方法：

- getTotalPrice()，购买此项宠物所需金额，等于选购数量 quantity 与此项宠物单价 item.getListPrice()的乘积。
- incrementQuantity()，递增选购数量，当再次选购次类宠物时调用。

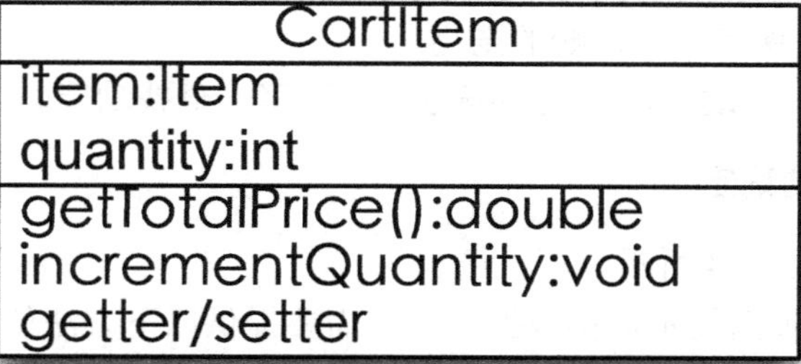

图 7.3　CartItem 类图

CartItem 类的代码如下：

```
package domain;

public class CartItem {
    private Item item;      // 表示某项宠物的详细信息
    private int quantity;   //表示选购数量

        public double getTotalPrice() {
        if (item != null) {
            return item.getListprice()*quantity;
        } else {
            return 0.0;
```

```
            }
        }

        public void incrementQuantity() {
            quantity++;
        }
        //getter/setter 省略
        ……
}
```

7.3.2 定义 Cart 类

购物车的业务逻辑主要由 Cart 类实现，是购物车模块中最重要的一个类。

1. Cart 类属性确定

Cart 类主要对选购的宠物进行管理， java.util.Map 接口定义了按键值查找的方法（get），java.util.HashMap 是其实现类。有关 Map 和 HashMap 的用法，可查阅相关资料进一步了解。在将某宠物添加到购物车时需要查询购物车中是否已有该宠物，为了支持按宠物编号（键值）查找，因此需要一个 Map 类型的属性 cartItemMap，辅助实现按键值查找功能。

Cart 类属性包括：

- cartItemList，保存用户选购的宠物。
- cartItemMap，辅助实现按宠物编号（关键字）查找功能。

2. Cart 类方法的确定

Cart 类的类图如图 7.4 所示。

Cart 类为购物车页面显示提供数据，所以需要提供以下方法便于用 EL 表达式操作：

- getCartItemList()，获得用户选购的宠物列表，该方法使得 JSP 页面可以使用${cart.cartItemList }得到用户选购的宠物列表（分页当前页），cart 是一个 Cart 对象。
- getNumberOfItems()，获得用户选购的不同宠物的数量，该方法使得 JSP 页面可以使用${cart.numberOfItems}得到用户选购的不同宠物的数量。
- getTotal()，获得当前页选购宠物费用小计，该方法使得 JSP 页面可以使用${cart.total}得到当前页选购宠物费用合计。

Cart 类主要对购物车进行管理，所以需要提供以下方法：

- 支持“添加到购物车”的方法 addItemToCart，该方法首先判断购物车中是否已经有该宠物，如果有则递增选购宠物数量，否则调将宠物添加到购物车中。
- 支持“从购物车删除”的方法，主要是 removeItemByItemid，将宠物从购物车中删除。

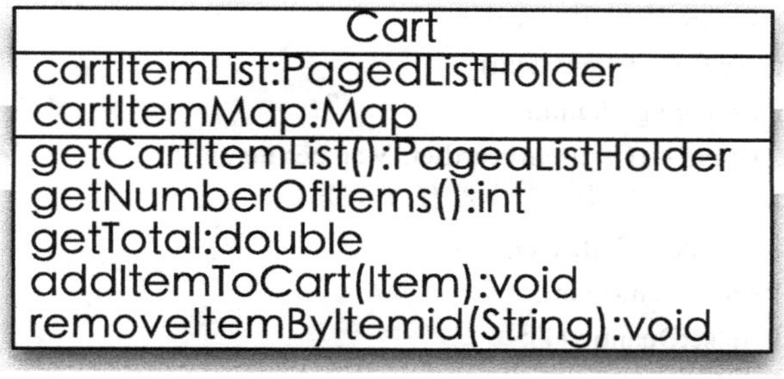

Cart
cartItemList:PagedListHolder cartItemMap:Map
getCartItemList():PagedListHolder getNumberOfItems():int getTotal:double addItemToCart(Item):void removeItemByItemid(String):void

图 7.4 Cart 类图

Cart 类代码如下，请根据前面内容分析体会。

```
package domain;

import java.util.HashMap;
import java.util.List;
import java.util.Map;

public class Cart {
    // 2 个私有属性:cartItemList 保存选购的宠物，cartItemMap 用于辅助查找
    private List<CartItem> cartItemList=new ArrayList ();
    private Map<String,CartItem> cartItemMap=new HashMap();


   //提供 getter 便于 EL 表达式输出
    public List getCartItemList() { return cartItemList; }

    public int getNumberOfItems() {
            int number=0;
            for(int i=0;i<cartItemList size();i++) {
                CartItem cartItem = (CartItem) cartItemList.get(i);
                number+=cartItem.getQuantity();
            }
            return number;
    }

    public double getTotal() {
        double total = 0.0;
        for(int i=0;i<cartItems.size();i++) {
            CartItem cartItem = (CartItem) cartItemList.get(i);
            total +=cartItem.getTotalPrice();
        }
        return total;
    }
```

```
    //提供将宠物添加到购物车中的方法
    public void addItemToCart(Item item) {
        String itemid= item.getItemid();
        CartItem cartItem = (CartItem) cartItemMap.get(itemid);
        if (cartItem == null) {//购物车中没有该宠物
            cartItem =new CartItem();
            cartItem.setItem(item);
            cartItem.setQuantity(1);
            cartItemList.add(cartItem);
            carItemMap.put(itemid,cartItem);
        }
        else{//购物车中已经有该宠物
            cartItem.incrementQuantity();
        }
    }


    //提供将宠物从购物车中删除的方法
    public void removeItemByItemid (String itemid) {
        CartItem cartItem = (CartItem) cartItemMap.remove(itemid);
        if (cartItem != null) {
            cartItemList.remove(cartItem);
        }
    }

//测试代码.addItemToCart 如下：
 public static void main(String[] args){
    Item item1=new Item("EST-5","FE-SE-01",16.5,"10","1","P","鱼","null","null","null","null");

    Cart cart=new Cart();
     cart.addItemToCart(item1);
    System.out.println("to again");
        for(Map.Entry<String,CartItem> entry:cart.cartItemMap.entrySet()){
            CartItem cartItem=entry.getValue();
            System.out.println(cartItem.getItem().getAttr1()+"\t"+cartItem.getQuantity());
        }
    }
}
```

7.3.3 创建 CartServlet 相关属性和方法实现“添加到购物车”功能并配置

CartServlet 类处理有关购物车的请求，其 addItemToCart 方法的主要功能就是在用户单击“添加到购物车”链接选购某项目时，调用 Cart 的相关方法修改购物车的数据。它的流程如下：

（1）查看购物车（cart 属性）中是否已经有该宠物，如果已经有则递增该宠物数量，否则转（2）。

（2）查询该宠物库存情况，从数据库中读出宠物信息，将该宠物添加到购物车中。

CartServlet 的关键代码：

```
package servlet.cart;
……

public class CartServlet extends HttpServlet{
    PetStore petstore;
    public void doPost(HttpServletRequest request,HttpServletResponse response)throws
    Exception{
        doGet(request,response);
    }
    public void doGet(HttpServletRequest request,HttpServletResponse response)throws
        Exception{
        petstore=(PetStore)session.getAttribute("petstore");
         if(petstore==null){
           petStore =new PetStoreImpl();
           session.setAttribute("petstore",petstore);
          }
         String action=request.getParameter("action");
         if(action.equals("add")){
           addItemToCart(request);
         }
         if(action.equals("remove")){
           removeItemFromCart(request);
         }
         if(action.equals("update")){
           updateCartQuantities(request);
         }
         RequestDispatcher rd=request.getRequestDispacther("cart.jsp");
         rd.forward(rquest,response);
    }

    public void addItemToCart (HttpServletRequest request){
         HttpSession session=request.getSession();
         Cart cart=(Cart) session.getAttribute("cart");

          if(cart==null){
                cart=new Cart();
          }
         String itemid=request.getParameter("itemid");
          Item item=petstore.getItem(itemid);
           cart.addItemToCart(item);
          session.setAttribute("cart", cart);
```

```
    }
}
```

在 web.xml 中对 CartServlet 进行配置，代码如下：

```
<servlet>
    <servlet-name>cartServlet</servlet-name>
    <servlet-class>servlet.cart.CartServlet</servlet-class>
</servlet>

<servlet-mapping>
    <servlet-name>cartServlet</servlet-name>
    <url-pattern>/cart/cartServlet</ url-pattern >
</servlet-mapping>
```

7.3.4 购物车页面/cart/Cart.jsp 的实现

在 WebRoot 下创建 cart 文件夹，在其中存放购物车页面 Cart.jsp 和结账页面 Checkout.jsp。购物车页面与系列列表 Product.jsp 很相似，不同的地方包括：

- 增加“数量”和“总价”列，而且“数量”列是文本框。
- 没有“添加到购物车”链接，有“从购物车删除”链接。
- 有“购买宠物数量”和“合计”行。
- 有“更新购物车”链接行。

Cart.jsp 代码如下：

```
<%@ page language="java" contentType="text/html; charset=GB2312"%>

<%@ include file="../common/IncludeTop.jsp" %>

<div id="content">
<div id="Catalog">
<h2 >购物车</h2>
<form name="cartForm" action="cartServlet?action=update" method="post">
<table >
  <tr >
  <th>项目编号</th>  <th>商品编号</th>  <th>说明</th> <th>数量
     </th>  <th>价格</th> <th>总价</th>  <th> </th>
       </tr>
     <!--以下黑体代码判断购物车中无宠物时输出“你的购物车是空的”的提示信息-->
     <c:if test="${cart==null||(cart!=null&&cart.numberOfItems==0)}">
     <tr ><td colspan="7"><b>你的购物车是空的。</b></td></tr>
     </c:if>
     <c:if test="${cart!=null&&cart.numberOfItems!=0}">
     <!--以下黑体代码使用 EL 表达式得到购物车中宠物列表-->
       <c:forEach var="cartItem" items="${ cart.cartItemList}">
```

```
        <tr >
        <td>
        <a href="cartServlet?action=view&itemid=${cartItem.item.itemid}">${cartItem.item.itemid}
        </a></td>
        <td>${cartItem.item.productid}</td>
        <td>
          ${cartItem.item.attr1}
          ${cartItem.item.attr2}
          ${cartItem.item.attr3}
          ${cartItem.item.attr4}
          ${cartItem.item.attr5}
          </td>
        <td >
  <!--以下黑体代码为文本框，注意所有宠物的 name 属性为 itemid-->
        <input type="text" size="3" name="${cartItem.item.itemid}" value="${cartItem.quantity}">
        </td>
        <td align="right">￥${cartItem.item.listprice}</td>
        <td align="right">￥${cartItem.totalPrice}</td>
      <!--以下黑体代码与 Category.jsp 类似，显示具有按钮效果的超链接- ->
        <td>
  <A class="Button" href=" cartServlet?action=remove&itemid=${cartItem.item.itemid}">
从购物车中删除</A>
          </td>
        </tr>
      </c:forEach>
        <tr >
      <td colspan="3" >购买宠物数量：${cart.numberOfItems}</td>
      <td colspan="4" >小计：￥${cart.total}</td>
      </tr>
      <tr><td colspan="7">
      <!--以下黑体代码显示一个具有按钮效果的超链接，注意其 onClick 属性-->
     <A class="Button" onClick="cartForm.submit()">更新购物车</A>
      </td>
      </tr>
      </c:if>
      </table>
      </form>
       <!--以下黑体代码在购物车中有选购的宠物时，显示“转向结账页面”链接- ->
      <c:if test="${ cart.numberOfItems > 0}">
      <br /><center><A class="Button" href="Checkout.jsp">转向结账页面</a></center>
      </c:if>
      </div>
      </div>
  <%@ include file="../common/IncludeBottom.jsp" %>
```

结账面与购物车页面很类似，不同的地方包括：

- 没有“从购物车中删除”这一列。
- “数量”列不是文本框，是文本。
- 没有“更新购物车”图片按钮。
- 没有“转向购物车”链接，有“继续”链接。

请仔细阅读，理解 Cart.jsp 后，对比结账页面与购物车页面的异同自己实现结账页面 Checkout.jsp。

7.4 “从购物车删除”与“更新购物车”的实现

实现了“添加到购物车”，购物车模块的大部分模块就已经完成。“从购物车删除”与“更新购物车”就只要实现 2 个方法：removeItemFromCart 和 updateCartQuantities 即可。

7.4.1 实现 removeItemFromCart 方法

removeItemFromCart ()方法的作用正好同 addItemToCart ()方法相反，就是从购物车中去掉用户不想要的项目，提供对“从购物车删除”请求的支持。它的代码非常简单，只是调用 Cart 的相关方法更新购物车的内容即可，removeItemFromCart 的代码如下：

```
public void    removeItemFromCart(HttpServletRequest request){
       HttpSession session=request.getSession();
       Cart cart=(Cart)session.get("cart");
       String itemid=request.getParameter("itemid");
       cart.removeItemByItemid(itemid);
}
```

7.4.2 实现 updateCartQuantities 方法

用户在购物车页面（Cart.jsp）单击“更新购物车”按钮，开始“更新购物车”的处理流程。该处理流程是这样的：调用 updateCartQuantities()方法，将每个宠物的数量都从文本框中取出，对购物车（cart 属性）中对应宠物的数量设置成这个值。

updateCartQuantities()方法主要提供对“更新购物车”请求的支持，即如果用户在购物车页面 Cart.jsp 单击“更新购物车”按钮后将调用 Cart 的相关方法更新购物车的信息。

updateCartQuantities()的代码如下：

```
public void updateCartQuantities(HttpServletRequest request){

              List cartItems=cart.getCartItemList()
              for(int i=0;i<cartItems.size();i++){
```

```
            CartItem cartItem=(CartItem) cartItems.get(i);
            String id=cartItem.getItem().getItemid();
            int qty=Integer.parseInt(request.getParameter(id));
            cartItem.setQuantity(qty);
        }
    }
```

作　业

一、选择题

1．下面描述正确的是______。

A．java.util.List 是接口

B．java.util.List 是类

C．java.util.List 实现了 java.util.ArrayList

D．java.util.ArrayList 实现了 java.util.List

2．下面描述正确的是______。

A．java.util.HashMap 是接口

B．java.util.HashMap 是类

C．java.util.HashMap 实现了 java.util.Map

D．java.util.Map 实现了 java.util.HashMap

3．下面描述正确的是______。

A．java.util.Map 提供了按关键字查找的功能

B．java.util.List 提供了按关键字查找的功能

C．java.util.Map 提供方法 put 添加一项

D．java.util.Map 提供方法 add 添加一项

4．对于处理 http://localhost:8080/petstore/cart/quantity=1&quantity=2&quantity=3 请求的 JSP/Servlet/Action 中的 java 代码,以下说法正确的是______。

A．request.getParameter("quantity")的结果是一个 String 类型的值："1"

B．request.getParameter("quantity")的结果是一个 String 数组类型的值：{"1"，"2"，"3"}

C．request.getParameterValues("quantity")的结果是一个 String 类型的值："1"

D．request.getParameterValues("quantity")的结果是一个 String 数组类型的值：{"1"，"2"，"3"}

二、填空题

所有 Java 类的根类是______，java.util.List 和 java.util.Map 的 get 方法的返回类型都是______。

任务 7　完成宠物商城的购物车功能

一、任务说明

完成宠物商城的购物车功能。

二、开发环境准备

同任务 5。

三、完成过程

（1）创建相关目录存放用户相关的所有 JSP 文件

在 mypetstore 项目的 WebRoot 目录下创建 cart 目录，存放购物车相关的 JSP 文件，包括 Cart.jsp 和 Checkout.jsp。

（2）定义 CartServlet 并配置完成购物车功能。

第 8 章

使用 Hibernate

本章要点：

介绍如何安装配置 Hibernate 开发环境

介绍如何使用 DB Browser 自动创建 POJO 类和 Hibernate 映射文件

介绍 Hibernate 访问数据库的编程模式

介绍如何在 MyEclipse 中进行 Hibernate 编程

介绍如何使用 Hibernate 优化宠物分类展现模块的 DAO 类

Hibernate 持久层框架使得用 Java 操作关系型数据库变成一件很愉快的事情。本章介绍如何用 Hibernate 框架来重写完成数据库访问的 DAO 类。

8.1 Hibernate 简介

Hibernate 是一个优秀的 Java 持久化层解决方案。

程序运行时，有些数据保存在内存中，当程序退出后，这些数据就不复存在，所以，我们称这些数据的状态就是瞬时的(transient)。有些数据，在程序退出后，还以文件等形式保存在存储设备（硬盘、U 盘或光盘）中，我们称这些数据的状态是持久的(persistent)。

持久化就是将程序中的数据在瞬时状态和持久状态间进行转换的机制。前面介绍的 DAO 类就是一种用 JDBC 实现的持久化解决方案，它实现了程序数据和数据库数据的转换。将程序数据直接保存成文本文件也是持久化机制的一种实现。但是我们常用的是将程序数据保存到数据库中。

Hibernate 是对 JDBC 的封装，以简化 JDBC 方式烦琐的编码工作。如使用 Hibernate 将对象保存到数据库中再也不用编写长长的 SQL 语句，也不用对应每个字段设置 PreparedStatement 中参数的值。只需要简单地执行 session.save(Object)，即可将 Object 对象保存到数据库对应的表中。这是因为 Hibernate 使用 XML 格式的配置文件保存了对象（类）和对应数据库表的映射信息，所以能够自动进行转换。

8.2 使用 Hibernate 的准备工作

在使用 Hibernate 访问 MySQL 数据库之前要做好以下准备工作：

- 添加 MySQL 驱动开发包（见第 3 章）。
- 安装配置 Hibernate 开发环境，包括添加 Hibernate 开发包和创建 Hibernate 配置文件 hibernate.cfg.xml。在 hibernate.cfg.xml 中配置数据库连接信息、资源映射（指定映射文件路径）和其他连接信息。对于 Web 项目，Web 容器会在服务器启动时加载该文件，如果文件有错误，将影响到 Web 服务器的启动。
- 创建 POJO 类和映射文件。POJO 类是指与数据库中的表对应的类，映射文件是指 POJO 类与表的 Hibernate 映射文件，通常命名为 XXX.hbm.xml，XXX 是 POJO 类名。

这里重点讲述如何安装配置 Hibernate 开发环境，以及如何创建 POJO 类和映射文件。对于有经验的开发人员，可以手工去完成这些工作：从 Hibernate 官网下载 Hibernate 开发包添加到项目中，然后按照 Hibernate 配置文件规范编写 Hibernate 配置文件；像第 3 章一样自己编写 POJO 类，按照映射文件规范自己手工编写每个映射文件。

MyEclipse 对于 Hibernate 框架提供了很好的支持，我们可以使用相关菜单命令和相关工具自动完成安装配置 Hibernate 开发环境、创建 POJO 类和映射文件的工作。本节详细介绍相关操作细节。

8.2.1 用菜单命令安装配置 Hibernate 开发环境

在 MyEclipse 中还可以通过选中项目后使用菜单命令（如图 8.1 所示），选择默认 Hibernate 版本（如图 8.2 所示）后，不选择创建 SessionFactory 类，然后单击 Finish（如图 8.3 所示），将自动添加所需的 Hibernate 模块的类库并在 src 文件夹下生成 Hibernate 配置文件 hibernate.cfg.xml。单击 Finish 后，如果在打开的对话框（询问是否打开 Hibernate 相关透视图）中选择 Yes（如图 8.4 所示），将打开 DB Browser。

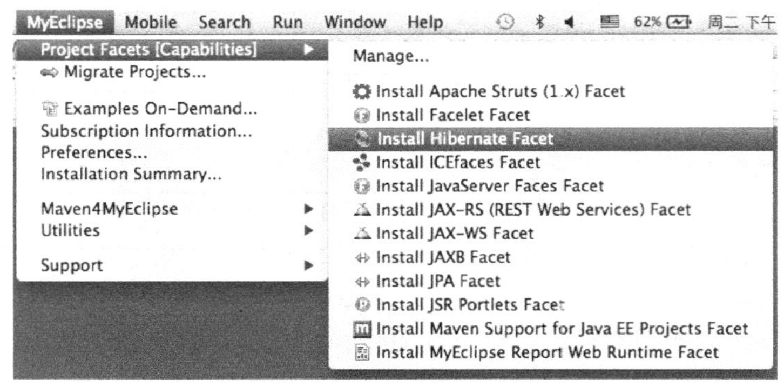

图 8.1 使用 MyEclipse 菜单命令自动配置 Hibernate 开发环境

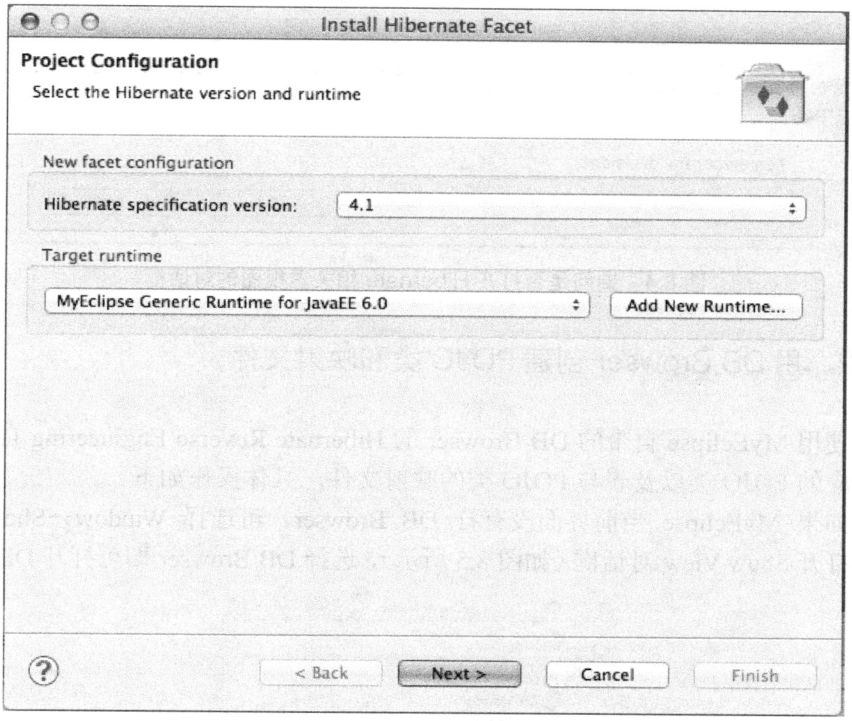

图 8.2　选择默认版本

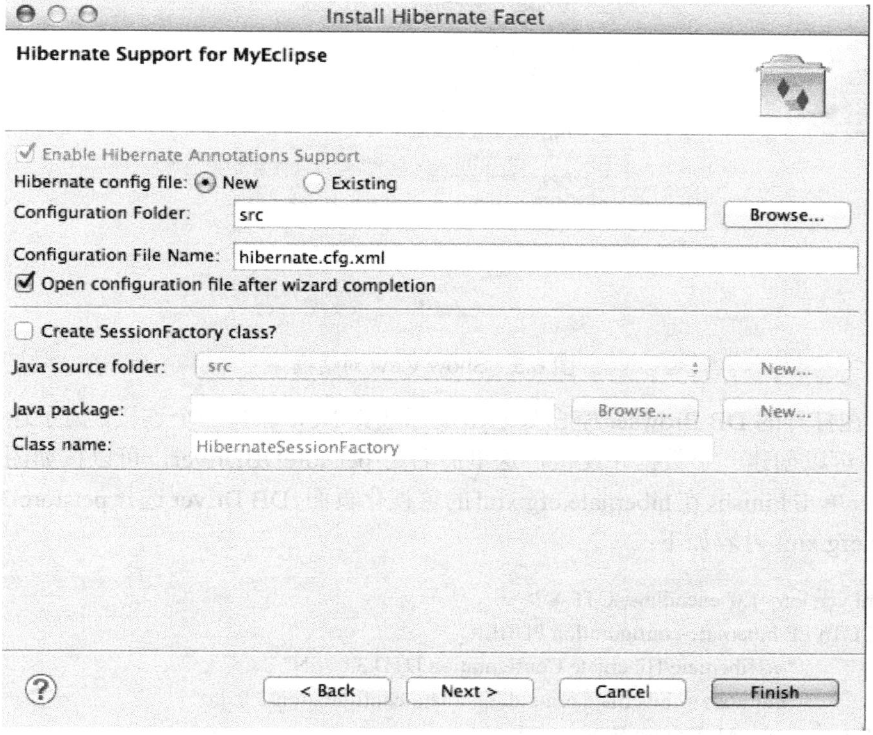

图 8.3　不选择创建 SessionFactory 类

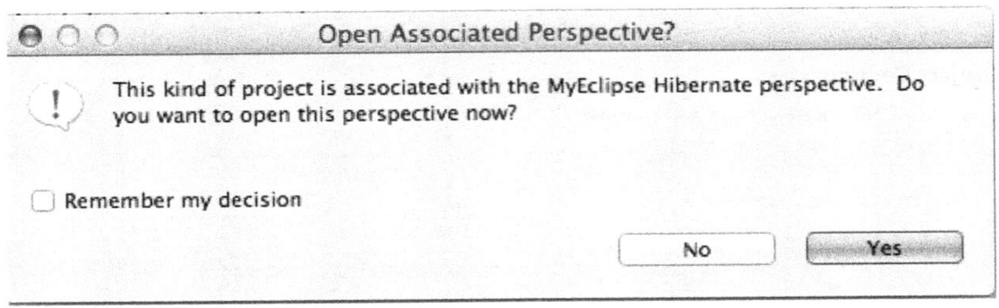

图 8.4 询问是否打开 Hibernate 相关透视图的对话框

8.2.2 用 DB Browser 创建 POJO 类和映射文件

可以使用 MyEclipse 自带的 DB Browser 的 Hibernate Reverse Engineering 自动生成数据库表对应的 POJO 类以及表与 POJO 类的映射文件，具体操作如下。

（1）如果 MyEclipse 当前界面没有打 DB Browser，可选择 Window→Show View→Other...，打开 Show View 对话框（如图 8.5 所示），选择 DB Browser 即可打开 DB Browser。

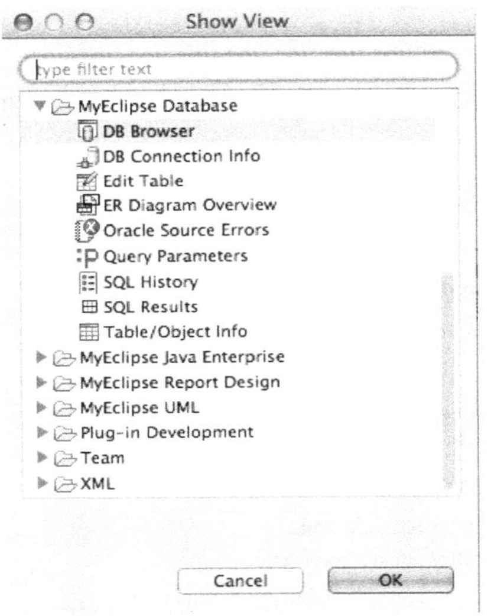

图 8.5 Show View 对话框

（2）在打开的 DB Browser 空白处右击鼠标选择 New 新建一个连接，为了连接数据库 petstore，可以创建一个数据库连接，这里命名为 petstoreDBDriver，可以按如图 8.6 所示方式填入，单击 Finish，在 hibernate.cfg.xml 的可视化页面，DB Driver 选择 petstoreDBDriver，hibernate.cfg.xml 内容如下：

```
<?xml version='1.0' encoding='UTF-8'?>
<!DOCTYPE hibernate-configuration PUBLIC
          "-//Hibernate/Hibernate Configuration DTD 3.0//EN"
          "http://www.hibernate.org/dtd/hibernate-configuration-3.0.dtd">
<!-- Generated by MyEclipse Hibernate Tools.                   -->
<hibernate-configuration>
```

```
    <session-factory>
        <property name="myeclipse.connection.profile">
            petstoreDBDriver
        </property>
        <property name="connection.url">
            jdbc:mysql://localhost/petstore?useUnicode=true&amp;characterEncoding=UTF-8
        </property>
        <property name="connection.username">petstoreapp</property>
        <property name="connection.password">123</property>
        <property name="connection.driver_class">
            com.mysql.jdbc.Driver
        </property>
        <property name="dialect">
            org.hibernate.dialect.MySQLDialect
        </property>
    </session-factory>
</hibernate-configuration>
```

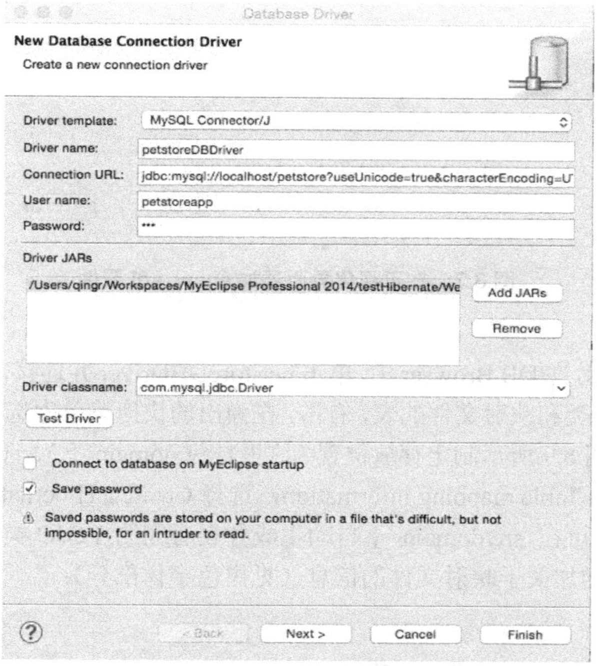

图 8.6 使用 DB Browser 创建数据库连接信息

connection.driver_class、connection.url、connection.username 和 connection.password 分别配置驱动器名称、连接字符串、用户名和密码。dialect 参数用于配置 Hibernate 使用的数据库类型，Hibernate 支持几乎所有的数据库，如 Oracle、DB2、SQL Server、MySQL 等。注意：connection.url 要通过增加?useUnicode=true&characterEncoding=UTF-8 来保证插入中文的正确。

show_sql 是可选参数属性，为 true 表示程序运行时在控制台输出执行的 SQL 语句，可方便调试。可以直接在代码中添加，也可以通过单击可视化页面的 Specify addtional Hibernate properties（配置其他 hibernate 属性）Add 按钮在打开的对话框中添加（如图 8.7 所示），此时 hibernate.cfg.xml 中将增加一行（见黑色字体部分）。

```
……
        <property name="connection.driver_class">com.mysql.jdbc.Driver</property>
        <property name="show_sql">true</property>
    </session-factory>
</hibernate-configuration>
```

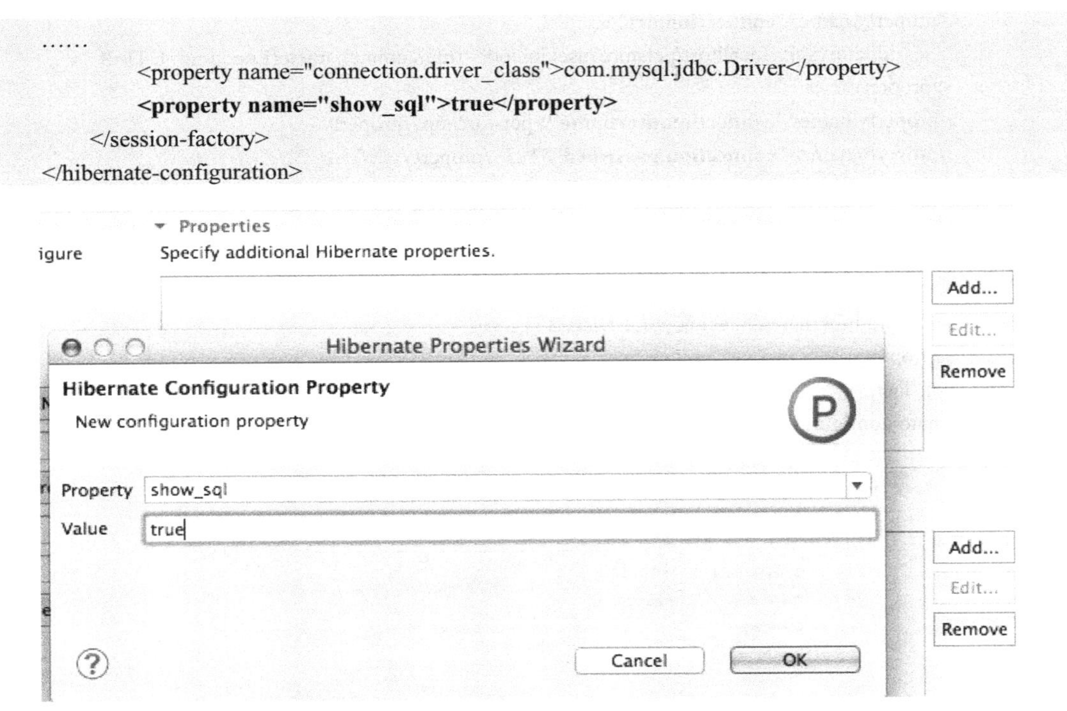

图 8.7　在可视化界面添加 show_sql 属性

（3）如图 8.8 所示，在 DB Browser 中，单击 petstoreDBDriver 并连接，选择数据库 petstore，选中需要创建 POJO 类和映射文件的表，右击，在弹出的快捷菜单中选择“Hibernate Reverse Engineering”，按如图 8.9 所示制定存放位置（这里是包 domain 下）、选择创建映射文件（勾选 Create POJO<>DB Table mapping information，选择 Create a Hibernate mapping xml file）、选择创建 POJO，即可在 src/domain 下自动生成各表对应的 POJO 类和映射文件，并且在 hibernate.cfg.xml 中增加关于映射文件的信息（见黑色字体部分）：

```
        ……
        <property name="show_sql">true</property>
        <mapping resource="domain/Inventory.hbm.xml" />
        <mapping resource="domain/Item.hbm.xml" />
        <mapping resource="domain/Supplier.hbm.xml" />
        <mapping resource="domain/Product.hbm.xml" />
        <mapping resource="domain/Category.hbm.xml" />
    </session-factory>
    </hibernate-configuration>
```

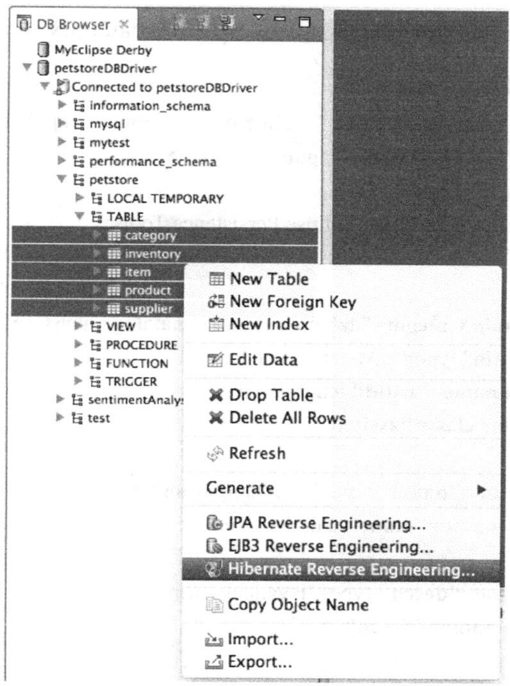

图 8.8　在 DB Browser 中打开 Hibernate Reverse Engineering

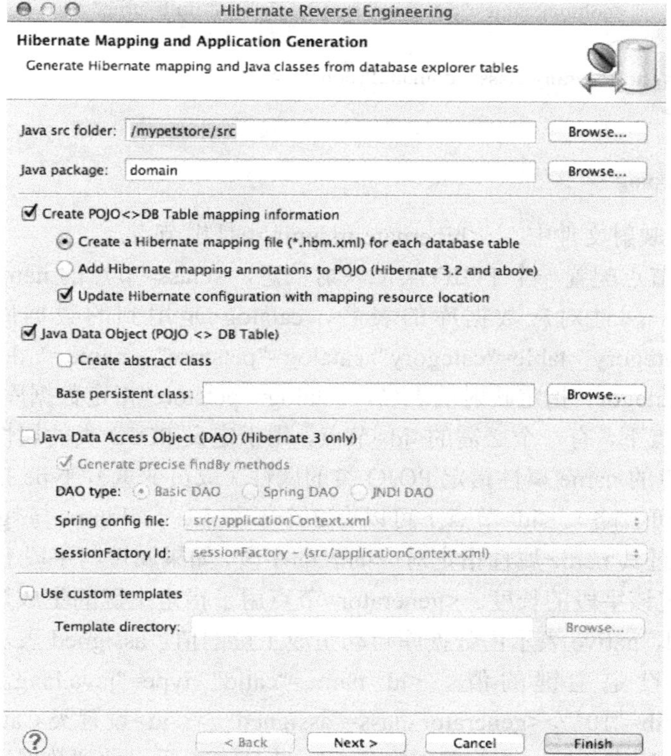

图 8.9　使用 Hibernate Reverse Engineering 的配置

其中映射文件 Category.hbm.xml 描述类 Category 和表 category 的对应关系，内容如下：

```
<?xml version="1.0" encoding="utf-8"?>
<!DOCTYPE hibernate-mapping PUBLIC "-//Hibernate/Hibernate Mapping DTD 3.0//EN"
"http://www.hibernate.org/dtd/hibernate-mapping-3.0.dtd">
<!--
    Mapping file autogenerated by MyEclipse Persistence Tools
-->
<hibernate-mapping>
    <class name="domain.Category" table="category" catalog="petstore">
        <id name="catid" type="java.lang.String">
            <column name="catid" length="10" />
            <generator class="assigned" />
        </id>
        <property name="name" type="java.lang.String">
            <column name="name" length="80" />
        </property>
        <property name="descn" type="java.lang.String">
            <column name="descn" />
        </property>
        <set name="products" inverse="true">
            <key>
                <column name="category" length="10" not-null="true" />
            </key>
            <one-to-many class="domain.Product" />
        </set>
    </class>
</hibernate-mapping>
```

在 Hibernate 映射文件中 ，<hibernate-mapping>是根节点。

每个<class>节点配置一个 POJO 类的映射信息，<class>节点的 name 属性对应 POJO 类的名字，table 属性对应数据库的表名，catalog 是用到的数据库的名字。<class name="domain.Category" table="category" catalog="petstore"> name=" domain.Category"指定类名，table="category"指定映射的表名，catalog="petstore"指定数据库名。

在<class>节点下，有一个必需的<id>节点，用于定义 POJO 类的属性和表的主键的对应关系。<id>节点的 name 属性指定 POJO 类的属性（成员变量），type 指定该成员变量对应的 Java 类型（可省略）。<id>节点下可以有 2 个子节点：<column>与<generator>子节点。<column>用于通过其 name 属性指定对应的表的字段，如果属性与字段名相同，则可省略；length 属性则指定该字段的长度。<generator>节点用于指定主键的生成策略，常用的值有 native 和 assigned，native 表示由数据库自动生成主键的值，assigned 表示添加新记录到数据库前由程序设定主键的值。<id name="catid" type="java.lang.String"> <column name="catid" length="10" /><generator class="assigned" /></id>设置类 Category 的成员变量（或属性）catid 对应表 category 的关键字 catid，并且添加新记录到数据库前由程序设定主键的值（不是由数据库自动生成）。

<class>节点下除了<id>节点外，还包括<property>子节点。每个<property>节点指定一个 POJO 类属性和一个表字段的对应关系。<property>节点与<id>节点类似，只是不能包括 <generator> 子节点。 <property name="name" type="java.lang.String"><column name="name" length="80" /> </property>设置 Category 的成员变量（或属性）name 对应表 category 的同名字段 name。

<set>节点配置基于外键关联的一对多的关系，例如 product 表的 category 字段与 category 表存在外键关联，则“一”方为 category 表，“多”方为 product 表，因为一个 category 可以包含多个 product，而一个 product 只能隶属于一个 category。这时在“一”方（例如：category）需要在映射文件中添加<set>节点，因为它包含多个“多”方的对象。<set>节点的 name 属性为对应 POJO 类的集合属性(如 products)，<set>子节点<key>标识多端的外键，<one-to-many>指出多端对应的类名。在后面 8.8.2 节可以看到，通过 products 属性，可以很容易获得 category 对应的 product 的信息。

由于 POJO 类属性与表字段同名，则上述配置文件可以简化为：

```
<?xml version="1.0" encoding="utf-8"?>
<!DOCTYPE hibernate-mapping PUBLIC "-//Hibernate/Hibernate Mapping DTD 3.0//EN"
"http://www.hibernate.org/dtd/hibernate-mapping-3.0.dtd">
<!--
    Mapping file autogenerated by MyEclipse Persistence Tools
-->

<hibernate-mapping>
    <class name="domain.Category" table="category" catalog="petstore">
        <id name="catid" />
        <property name="name"/>
        <property name="descn" />
         <set name="products" inverse="true"   lazy="false">
            <key>
                <column name="category" length="10" not-null="true" />
            </key>
            <one-to-many class="domain.Product" />
        </set>
    </class>
</hibernate-mapping>
```

自动生成的 Category 类的关键代码如下：

```
.....
public class Category implements java.io.Serializable {

    // Fields

    private String catid;
    private String name;
    private String descn;
```

```
private Set products = new HashSet(0);

// Constructors

/** default constructor */
public Category() {
}

/** minimal constructor */
public Category(String catid) {
    this.catid = catid;
}

/** full constructor */
public Category(String catid, String name, String descn, Set products) {
    this.catid = catid;
    this.name = name;
    this.descn = descn;
    this.products = products;
}

// getter/setter

public String getCatid() {
    return this.catid;
}

public void setCatid(String catid) {
    this.catid = catid;
}

public String getName() {
    return this.name;
}

public void setName(String name) {
    this.name = name;
}

public String getDescn() {
    return this.descn;
}

public void setDescn(String descn) {
    this.descn = descn;
}
```

```
        public Set getProducts() {
                return this.products;
        }

        public void setProducts(Set products) {
                this.products = products;
        }
}
```

值得注意的是，增加了一个属性 products，表示属于同一个 Category 的所有 Product 对象的集合。这意味着，访问数据库时，只要获得 Category 对象，通过调用 getProducts() 方法可以获得其所属的所有 Product 对象的集合，将简化 ProductDao 类，不需要专门提供 getProductListByCategory 方法了（见后面 CategoryDao 类代码）。

8.3 用 Hibernate 访问数据库

8.3.1 Hibernate 的编程模式

编写用 Hibernate 访问数据库的代码是有一定套路的，只要熟悉这些套路，就会觉得非常简单。

使用 Hibernate 对数据库的插入、删除和修改（可以统称为写数据库）通常要遵照以下 7 个步骤：

- 读取并解析配置文件。
- 读取并分析映射文件，创建 SessionFactory。
- 打开 Session。
- 开启事务。
- 执行持久化方法。
- 提交事务。
- 关闭 Session。

对数据库的加载、查询（可以统称为读数据库）通常要遵照以下 5 个步骤：

- 读取并解析配置文件。
- 读取并分析映射文件，创建 SessionFactory。
- 打开 Session。
- 执行持久化方法。
- 关闭 Session。

我们以访问表 category 为例，说明如何使用 Hibernate。

8.3.2 使用 Hibernate 实现数据的插入

编写一个类 TestHibernate，在表 Category 中添加一条分类编号为“BEASTS”，名称为“猛兽”的记录。以下代码执行后，打开数据库，会发现表格中已经增加一条新的记录，如图 8.10 所示。

```
package dao;

    import domain.Category;
    import org.hibernate.Session;
    import org.hibernate.SessionFactory;
    import org.hibernate.Transaction;
    import org.hibernate.cfg.Configuration;

    public class TestHibernate {
     public static void main(String[] s){
       //1. 读取配置文件
         Configuration configure=new Configuration().configure();
      //2.创建 SessionFactory
         SessionFactory sf=configure.buildSessionFactory();
      //3.打开 session
         Session session=sf.openSession();
          Transaction tx=null;
         try{
      //4. 开始一个事务
         tx=session.beginTransaction();
     //数据准备
              Category obj=new Category();
              obj.setCatid("BEASTS");
              obj.setName("猛兽");
      //5. 持久化操作
              session.save(obj);
      //6. 提交事务
               tx.commit();
           }catch(Exception e){
      //如果发生异常，则将事务回滚
           if(tx!=null)   tx.rollback();
           e.printStackTrace();
           }
           finally{
      //7. 关闭 session
               session.close();
           }
       }
}
```

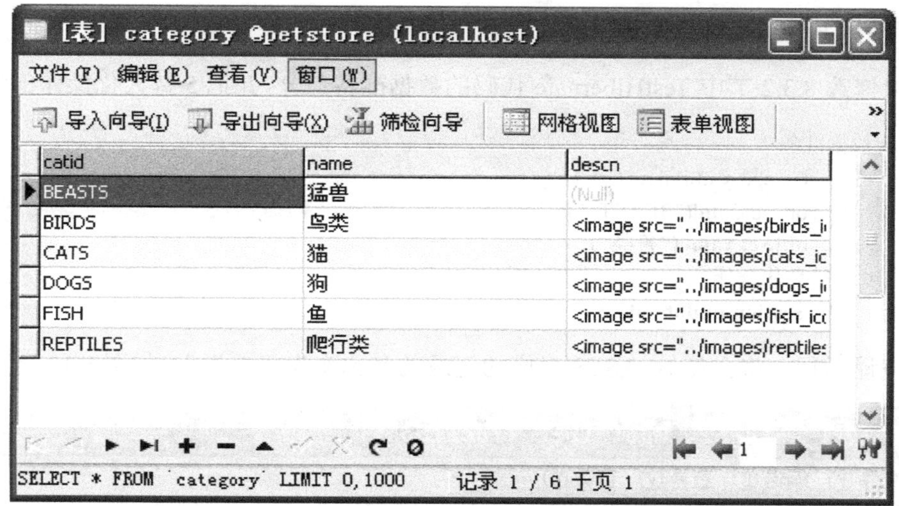

图 8.10　添加一条分类编号为“BEASTS”，名称为“猛兽”记录后的表 Category

与JDBC类似，持久化操作要放在try语句中，如果发生异常则将事务回滚。关闭session的语句放在 finally 语句中。如图 8.10 所示为执行程序后的表 Category 的数据情况。如果插入成功，再次执行 TestHibernate 会出错，因为主键必须是唯一的，2 次插入同一条记录当然会出错。

8.3.3　使用 Hibernate 实现数据的删除和修改

1．使用 Hibernate 实现数据的删除

如果将 8.3.2 节中 TestHibernate 代码“5.持久化操作”部分改成 session.delete(obj)；再编译运行，将删除 BEASTS 对应的记录，如图 8.11 所示。

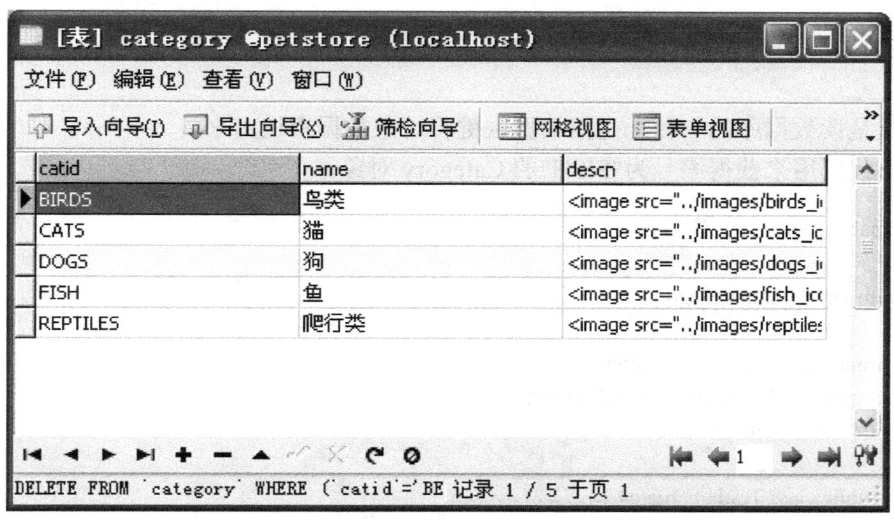

图 8.11　删除 BEASTS 记录后的表 category

2．使用 Hibernate 实现数据的修改

如果修改 8.3.2 节中 TestHibernate 代码的数据准备部分，并把 5.持久化操作部分改为：

```
//数据准备
        Category obj=new Category();
        obj.setCatid("BEASTS");
        obj.setName("兽类");
    //5. 持久化操作
        session.update(obj);
```

再编译运行，将会使 BEASTS 对应的记录的名称变为“兽类”，如图 8.12 所示。

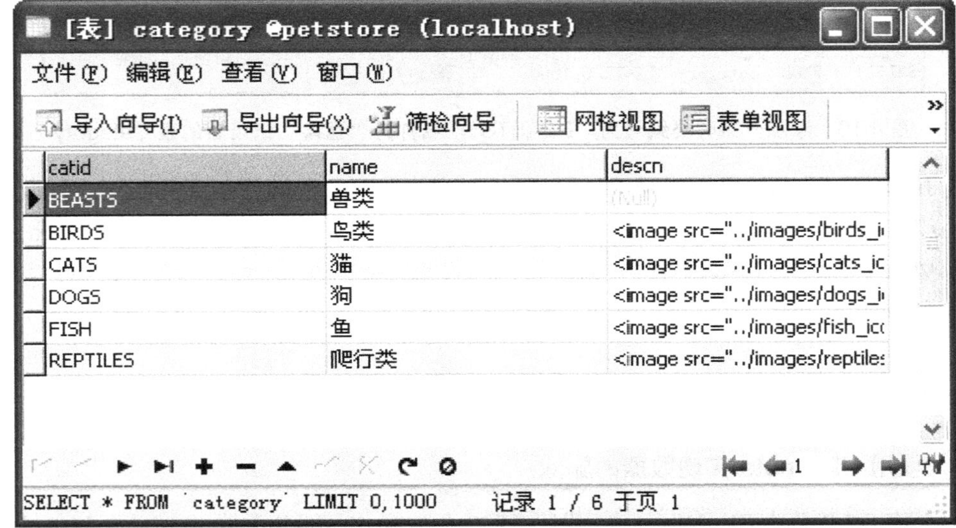

图 8.12 修改 BEASTS 的 name 为“兽类”后的表 Category

8.3.4 使用 Hibernate 实现数据的加载

加载是读数据库的一种，是指根据主键将一条数据查询出来。

以下代码用来获得编号为"FISH"的 Category 对象。

```
package dao;

import domain.Category;

import org.hibernate.Session;
import org.hibernate.SessionFactory;
import org.hibernate.cfg.Configuration;

public class TestHibernate4 {
    public static void main(String[] s){
    //1. 读取配置文件
```

```
            Configuration configure=new Configuration().configure();
        //2.创建 SessionFactory
            SessionFactory sf=configure.buildSessionFactory();
        //3.打开 session
            Session session=sf.openSession();
        //4. 执行持久化方法
            Category obj=(Category)session.get(Category.class,"FISH");
            System.out.println(obj.getName());
        //5. 关闭 session
            session.close();
        }
}
```

上述程序执行后，将输出“鱼”。

8.3.5　使用 Hibernate 实现数据的查询

Hibernate 支持 2 种主要的查询：HQL（Hibernate Query Language，Hibernate 查询语言）查询和 Criteria 查询。HQL 是一种面向对象的查询语言，其中没有表和字段的概念，只有类、对象和属性的概念，理解这点很重要。Criteria 查询又称为“对象查询”，它用面向对象的方式将构造查询的过程做了封装，其中 HQL 是较为广泛的方式，所以我们介绍这种方式。

以下代码查询分类编号为“FISH”的所有品种。

```
package dao;

import java.util.List;

import org.hibernate.Query;
import org.hibernate.Session;
import org.hibernate.SessionFactory;
import org.hibernate.cfg.Configuration;

import domain.Product;

public class TestHibernate5 {
    public static void main(String[] s){
        Configuration configure=new Configuration().configure();
        SessionFactory sf=configure.buildSessionFactory();
        Session session=sf.openSession();
        Query query=session.createQuery("from    Product    where category='FISH'");
        List list=query.list();
        for(int i=0;i<list.size();i++){
            Product obj=(Product)list.get(i);
            System.out.println(obj.getName());
```

```
            }
            session.close();
        }
    }
```

主要是调用 Session 的 createQuery 方法来产生一个 Query 对象，Query 对象调用其 list 方法即可将查询结果保存到 List 对象中。需要注意的是，List 是包 java.util 中定义的一个接口，所有实现 List 接口的类的对象都可以看作是 List 对象。

createQuery 方法的参数 HQL"from Product where category='FISH'"就是一个 HQL 语句，注意语句中出现的 Product 是指类 Product 不是表 product，catid 是属性 catid，不是字段名。SQL 语句中出现的是表名和字段名，而 HQL 语句中出现的是类名和属性名。

上述程序执行后，将输出：

锦鲤
金鱼
天使鱼
虎鲨

8.4 使用 Hibernate 重写 DAO 类

采用 Hibernate，我们可以提取更多共性的东西到 BaseDao 中，从而简化子类的代码。本节我们修改 BaseDao 类，不再直接使用 JDBC，而是使用 Hibernate 来实现。在此基础上重写其他各 DAO 类，会发现 DAO 代码要简洁很多，而且在整个过程中，只是在生成映射文件时要关注表的结构。

8.4.1 使用 Hibernate 重写 BaseDao 类

对数据库的操作至多经历以下 7 步（读数据只需其中 5 步）。

- 读取并解析配置文件。
- 读取并分析映射文件，创建 SessionFactory。
- 打开 Session。
- 开启事务（查询操作不需要）。
- 执行持久化方法。
- 提交事务（查询操作不需要）。
- 关闭 Session。

修改 BaseDao，将以上 1、2、3 步封装到方法 getSession 中；将关闭 Session 封装到方法 closeSession 中；将对数据库的增、删、改封装到方法 insert、delete 和 update 中；将加载和查询封装到 get 和 select 方法中。

具体代码如下：

```
package dao;
import java.util.List;
import java.util.ArrayList;

import org.hibernate.Query;
import org.hibernate.Session;
import org.hibernate.SessionFactory;
import org.hibernate.Transaction;
import org.hibernate.cfg.Configuration;

public class BaseDao {
    private Session session=null;

    protected Session getSession() {
        SessionFactory sf=new Configuration().configure().buildSessionFactory();
        session=sf.openSession();
        return session;
    }

    protected void closeSession() {
        if(session!=null){
            session.close();
            session=null;
        }
    }

    protected void insert(Object obj){
        Transaction tx=null;
        session=getSession();
        try{
            tx=session.beginTransaction();
            session.save(obj);
            tx.commit();
            closeSession();
        }catch(Exception e){
            if(tx!=null) {tx.rollback();e.printStackTrace();}
        }
    }

    protected void delete(Class cls,java.io.Serializable id){
        Transaction tx=null;
        session=getSession();
        try{
            tx=session.beginTransaction();
            session.delete(this.get(cls,id));
```

```
            tx.commit();
            closeSession();
        }catch(Exception e){
            if(tx!=null) {tx.rollback();e.printStackTrace();}
        }
    }

    protected void update(Object obj){
        Transaction tx=null;
        session=getSession();
        try{
            tx=session.beginTransaction();
            session.update(obj);
            tx.commit();
            closeSession();
        }catch(Exception e){
            if(tx!=null) {tx.rollback();e.printStackTrace();}
        }
    }

    protected Object get(Class cls,java.io.Serializable id){
        Object obj=null;
        session=getSession();
        try{
            obj=session.get(cls,id);
            closeSession();

        }catch(Exception e){e.printStackTrace();}
        return obj;
    }

    protected List select(String hql){
        ArrayList pList=null;
        session=getSession();
        try{
            pList= (ArrayList)session.createQuery(hql).list();
            }catch(Exception e){
            e.printStackTrace();}
        return pList;
    }
}
```

由于使用 JDBC 需要对应每个字段设置 PreparedStatement 中参数的值，所以对数据库不同的表、不同字段，无法将 get、delete、update 和 insert 方法提取到 BaseDao 中。

使用 Hibernate、insert 和 update 方法的参数类型都是 Object，表示可以处理任何 POJO 对象的删除、插入和修改。get 和 delete 方法的参数类型是 Class 和 Serializable。Class 表示“类”，可以通过“类名.class”得到其实例，如“Category.class”。Serializable 是一个接口，任何可序列化的数据类型都可以作为 Serializable 的实参，所以可以将 get、delete、update 和 insert 方法统一到 BaseDao 中。

8.4.2 BaseDao 类的使用

BaseDao 已经封装了最常规的方法 select、delete、update 和 insert 等，下面代码通过调用 BaseDao 类来访问表 category 和 product 的数据。

```
package dao;

import java.util. ArrayList;

import domain.Category;
import domain. Product;
class TestBaseDao{
public static void main(String[] args){
        BaseDao dao=new BaseDao();
      //通过 BaseDao 对象 dao 访问表 category
        Category cat=(Category)dao.get(Category.class,"FISH");
        System.out.println(cat.getName());
      //通过 BaseDao 对象 dao 访问表 product,参数是 HQL 语句
         ArrayList list=(ArrayList)dao.select("from   Product   where category='FISH'");
         for (int i=0;i<list.size();i++){
             Product obj=(Product)list.get(i);
             System.out.println(obj.getName());
        }
    }
}
```

8.4.3 基于 BaseDao 改写 CategoryDao 类

由于 BaseDao 已经封装了最常规的方法 select、delete、update 和 insert 等，所以在 CategoryDao 类中只要实现跟业务逻辑最相关的方法，即表 3.2 中列出的方法 getCategory。只在 CategoryDao 中增加需要的方法 getCategory，其中 main 方法是测试代码，测试通过后可去掉。代码如下，

```
package dao;
import domain.Category;
public class CategoryDao extends BaseDao{
        public Category getCategory(String catid){
              return (Category)super.get(Category.class,catid);

        }
```

```
    public static void main(String[] s){
        String catid="FISH";
        Category obj=new CategoryDao().getCategory(catid);
        System.out.println(obj.getName());
        Set products=obj.getProducts();
        Iterator it=products.iterator();
        while(it.hasNext()){
            Product product=(Product) it.next();
            System.out.println(product.getProductid()+"\t"+product.getName());
        }
    }
}
```

程序执行结果如下：

```
鱼
FI-SW-01  天使鱼
FI-FW-01  锦鲤
FI-FW-02  金鱼
FI-SW-02  虎鲨
```

ProductDao、ItemDao 和 InventoryDao 请参照 CategoryDao 和 ProductDao 的实现自己完成。

作　　业

一、是非题

1．JDBC 是对 Hibernate 的封装，以简化 Hibernate 方式的烦琐编码工作。

2．数据库连接信息和 Hibernate 参数在 Hibernate 映射文件中配置。

3．由于使用 JDBC 需要对应每个字段设置 PreparedStatement 中参数的值，所以对数据库不同的表，不同字段，无法将 get、delete、update 和 insert 方法统一到 BaseDao 中。

二、简答题

1．对于图 3.16 所示品种列表页面：

（1）页面需要哪些表的数据？具体哪些字段？

（2）CategoryDao 的方法 getCategory(String catid)为品种列表页面提供哪些数据？需要哪些表的数据？具体需要哪些字段？写出该方法的代码。

2．如图 3.17 所示 sp 页面：

（1）页面需要哪些表的数据？具体需要哪些字段？

（2）ProductDao 的方法 getProduct(**String productid**)为系列列表页面提供哪些数据？写出该方法的代码。

3．对于图 3.18 所示宠物详细信息页面：

（1）页面需要哪些表的数据？具体需要哪些字段？

（2）ProductDao 的方法 getProduct(**String productid**) 为宠物详细信息页面提供哪些数据？写出该方法的代码。

（3）ItemDao 的方法 getItem(String itemid) 为宠物详细信息页面提供哪些数据？写出该方法的代码。

（4）InventoryDao 的方法 getInventory(String itemid)为宠物详细信息页面提供哪些数据？写出该方法的代码。

任务 8 用 Hibernate 优化的宠物分类展现 DAO 类

一、任务说明

在任务 7 的基础上，用 Hibernate 优化宠物分类展现 DAO 类：BaseDao，CategoryDao，ProductDao，ItemDao 和 InventoryDao。

二、开发环境准备

在任务 7 的开发环境的基础上，参照 8.2 节配置好 Hibernate 的开发环境。

三、完成过程

下面的完成过程中各 DAO 类都在 petstore 项目的包 dao 中，POJO 类和映射文件都在包 domain 中，Hibernate 配置文件在 src（根目录）下。

1．参考教材完成 BaseDao。

2．参考教材完成 CategoryDao 类，要求该类提供方法 getCategory(**String catid**)。

3．自己完成 ProductDao 类，只需要提供 getProduct(**String productid**)，不再需要提供 **getProductListByCategory(String categoryId)** 方法。为什么？

4．自己完成 ItemDao 类，只需要提供方法 getItem(String itemid，不再需要提供 getItemListByProduct (String **productid**)。为什么？

5．自己完成 InventoryDao 类，要求提供 getInventory(String itemid)方法。

第 9 章

使用 Struts 2

本章要点

介绍 Struts 2 工作原理
通过重写宠物分类展现功能，介绍如何使用 Struts 2 框架

Struts 2 是一个强大的基于 MVC 模式的动作（Action）驱动的框架，使用 Struts 2 将有助于最小化代码，并允许开发人员更多地关注业务逻辑和建模，而不是花费很多精力构建基于 Web 的应用程序必需的基础结构。本章通过使用 Struts 2 优化宠物分类展现功能，学习 Struts 2 框架。

9.1 Struts 2 工作原理

9.1.1 Struts 1 的局限性及 Struts 2

使用 Struts 的目的是为了帮助我们减少在运用 MVC 设计模型来开发 Web 应用的时间，如果希望混合使用 Servlet 和 JSP 的优点来开发具有良好扩展性的系统，Struts 是一个不错的选择。Struts 1 是一个开源框架，经过多年发展，Struts 1 已经成为一个高度成熟的框架，拥有丰富的开发人群，几乎已经成为了事实上的工业标准。但是随着时间的流逝，Struts 1 的局限性也越来越多地暴露出来。首先，Struts 1 支持的表现层技术单一；其次 Struts 1 与 Servlet API 的严重耦合，难于测试；最后，Struts 1 代码严重依赖于 Struts1 API，属于侵入性框架。

Struts 2 虽然是在 Struts1 的基础上发展起来的，但是实质上是以 WebWork 为核心的。Struts 2 采用拦截器的机制来处理用户的请求，这样的设计使得业务逻辑控制器能够与 Servlet API 完全脱离开。Struts 2 的 Action 可以通过初始化、设置属性、调用方法来测试，

这使得 Action 的测试变得就像一个普通的 Java 类一样简单。Struts 2 直接使用 Action 属性作为输入属性，不像 Struts 1 需要使用第二个对象（ActionForm 对象）来捕获输入。

9.1.2 Struts 2 的工作流程

Struts 2 框架的大概处理流程如下。

1. Web 服务器启动时

（1）通过配置文件 web.xml 加载作为全局逻辑控制器的过滤器。Struts 2 全局的逻辑控制器为一个过滤器（Struts 2 的低版本是 FilterDispatcher，高版本如 2.1.6、2.1.8 都用 StrutsPrepareAndExecuteFilter 了，需在 web.xml 中配置），负责过滤所有的请求。

（2）读取 struts 配置文件 struts.xml 并加载在其中配置的 Action 中。

2. 接收请求时

（1）调用 Action（相关 Filter 从 struts 配置文件中读取与之相对应的 Action）。

（2）启用拦截器（WebWork 拦截器链自动对请求应用通用功能，如验证）。

（3）处理业务（回调 Action 的 execute()方法或 Action 配置中通过 method 属性指定的方法）。

（4）返回响应（通过 execute 方法将信息返回到 StrutsPrepareAndExecuteFilter）。

（5）查找响应（StrutsPrepareAndExecuteFilter 根据配置查找响应的是什么信息，如 SUCCESS、ERROER，将跳转到哪个 JSP 页面）。

（6）响应用户（jsp→客户浏览器端显示）。

从 Struts 2 处理请求的过程，可以看出它是一个遵循 MVC 模式的框架。

9.2 用 Struts 2 开发 Web 应用程序

Struts 2 的原理和流程比较难理解，但是其使用并不复杂，主要是需要一个适应的过程。编写一个基于 Struts 2 的 Web 程序的步骤如下。

第一步：安装配置 Struts 2。

第二步：编写 Action 类。

第三步：配置 Action 类。

第四步：编写用户界面（JSP 页面）。

9.2.1 安装配置 Struts 2

安装配置 Struts 2 就是导入 Struts 2 开发包并在 web.xml 中配置 Struts 2 的负责全局控制的过滤器（目前版本是 StrutsPrepareAndExecuteFilter）。

用高版本的 MyEclipse 就简单很多，选中项目直接使用菜单命令（如图 9.1 所示，不同版本的菜单命令会有区别，但是都会跟 Struts 2 相关）即可在项目中安装配置好 Struts 2。

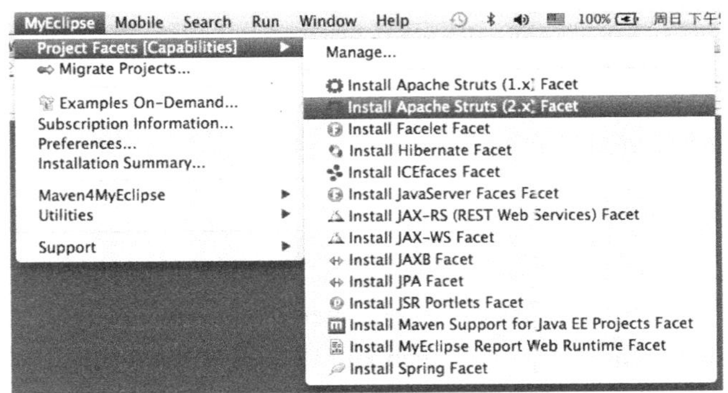

图 9.1　使用菜单命令安装配置 Struts 2

由于 Eclipse 和 MyEclipse 8.6 前的版本并不支持 Struts 2，所以需要到 http://struts.apache.org/download.cgi 页面去下载 Struts 2（Struts 2.×.×版本，最好不要下载最新版本，这样稳定性有保障，参考文档也比较多）安装包并且导入到应用项目的 lib 文件夹中。要想正常使用 Struts 2，通常需要如下 6 个包（可能会因为 Struts 2 的版本不同，包名略有差异，但包名的前半部是一样的，见 Struts 2-blank-2.x.x 示范项目的 lib 文件夹下面的包，如图 9.2 所示）。

名称	修改日期
commons-fileupload-1.2.1.jar	2008年12月26日 上午2:05
commons-io-1.3.2.jar	2008年12月26日 上午2:05
freemarker-2.3.15.jar	2009年7月20日 下午4:23
ognl-2.7.3.jar	2009年7月23日 下午5:52
struts2-core-2.1.8.jar	2009年9月23日 上午12:49
xwork-core-2.1.6.jar	2009年9月22日 下午5:36

图 9.2　ruts2-blank-2.x.x 示范项目的 lib 文件夹下面的包

Struts 2 的入口点是一个过滤器（Filter）。因此，Struts 2 要按过滤器的方式配置。

下面是在 web.xml 中配置 Struts 2 的代码（可以从示范项目 Struts 2-blank-2.x.x 的 web.xml 中复制过来，如图 9.3 所示）。注意：url-pattern 配置为/*，默认为/*.action。

```
<?xml version="1.0" encoding="UTF-8"?>
<web-app id="WebApp_9" version="2.4" xmlns="http://java.sun.com/xml/ns/j2ee"
    xmlns:xsi="http://www.w3.org/2001/XMLSchema-instance"
    xsi:schemaLocation="http://java.sun.com/xml/ns/j2ee http://java.sun.com/xml/
    ns/j2ee/web-app_2_4.xsd">

    <display-name>Struts Blank</display-name>

    <filter>
        <filter-name>struts2</filter-name>
        <filter-
            class>org.apache.struts2.dispatcher.ng.filter.StrutsPrepareAndExecuteF
            ilter</filter-class>
    </filter>

    <filter-mapping>
        <filter-name>struts2</filter-name>
        <url-pattern>/*</url-pattern>
    </filter-mapping>

    <welcome-file-list>
        <welcome-file>index.html</welcome-file>
    </welcome-file-list>

</web-app>
```

图 9.3　示范项目 Struts 2-blank-2.x.x 的 web.xml

9.2.2 编写 Action 类

编写 Action 类，需要注意以下几点：

- 实现 com.opensymphony.xwork2.Action 接口或继承 com.opensymphony.xwork2.ActionSupport 类（该类实现了 com.opensymphony.xwork2.Action 接口）。
- 定义处理请求的方法，默认是覆盖 execute 方法，后面章节将会介绍用其他方法处理请求，通常是在一个 Action 类要处理多个请求的情况，不同的请求用不同的方法来处理，在配置文件中指出对应方法。execute 方法是 Action 类默认调用的方法，该方法在 com.opensymphony.xwork2.Action 接口中定义，com.opensymphony.xwork2.ActionSupport 有一个默认实现。execute 方法没有参数，而且返回值是 String，标志执行结果。
- 为请求参数定义一个同名的属性，并且定义其 setter 方法，这样才能保证请求参数的值能够自动赋值给这个属性。
- 为在转向页面使用的对象定义一个同名的属性，并且定义其 getter 方法，这样才能保证该对象能够在转向的页面中使用。

下面是页面 Category.jsp 显示之前调用的 Action 类 ShowCategoryAction，这个类的 execute()方法通过传递过来的请求参数 catid，访问数据库获得页面显示需要的数据 category，代码如下：

```
package action.catalog;
……
public class ShowCategoryAction extends ActionSupport {
        private String catid;
        private Category category;
        public String execute() throws Exception {
                // TODO Autogenerated method stub
                PetStore petstore=new PetStoreImpl();
                category=petstore.getCategory(catid);
                return SUCCESS;
        }
        //setter 方法保证请求参数的值自动传给属性 catid
        public void setCatid(String catid) { this.catid = catid;}
        //getter 方法使得 category 属性的值可以在转向的页面中使用
        public Category getCategory() { return category;}
        //测试该类能否正确运行
        public static void main(String args[]) throws Exception{
            ShowCategoryAction sca=new ShowCategoryAction();
            sca.setCatid("FISH");
            sca.execute();
            System.out.println(sca.getCategory().getName());
```

```
        }
}
```

ShowCategoryAction：

- 继承了 ActionSupport 类。
- 覆盖了 execute 方法，该方法是处理请求时默认调用的方法。注意这里该方法返回值为 SUCCESS。SUCCESS 是在 com.opensymphony.xwork2.Action 接口中定义的数据成员，该接口中定义的重要数据成员有：

```
public static final java.lang.String SUCCESS = "success";
public static final java.lang.String NONE = "none";
public static final java.lang.String ERROR = "error";
public static final java.lang.String INPUT = "input";
public static final java.lang.String LOGIN = "login";;
```

- 定义了属性 catid 及其 setter 方法，保证该属性可以被请求参数 catid 赋值；定义了属性 category 及其 getter 方法，使得属性可以在转向的页面 Category.jsp 上显示。相关 getter 方法和 setter 方法使用 MyEclipse（或 Eclipse） 的工具可以自动生成，如图 9.4 所示。

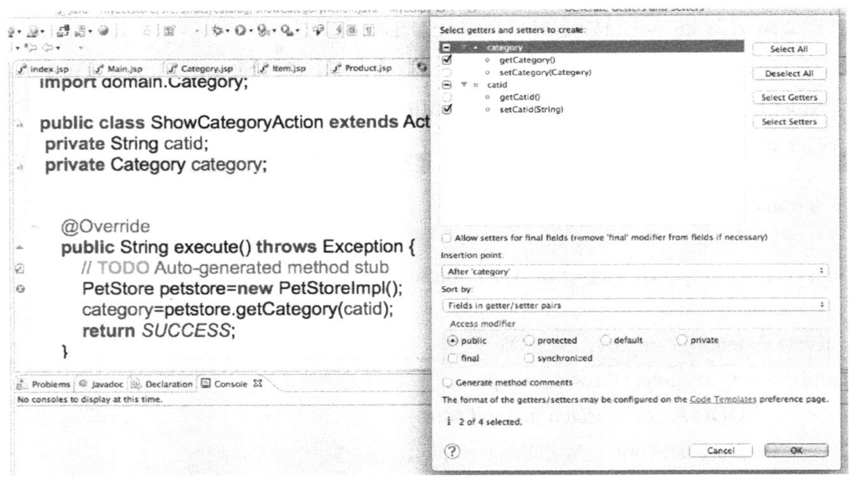

图 9.4　使用 MyEclipse 的 source-Generate Getters and Setters 自动生成相关 getter 和 setter 方法

9.2.3　配置 Action 类

在 Struts 2.x 中的配置文件是 struts.xml，运行时会放到 WEB-INF/classes 目录中（但是在用 MyEclipse 开发时存放在 src 目录下）。下面是在 struts.xml 中配置 Action 类的代码：

```
<?xml version="1.0" encoding="UTF-8" ?>
<!DOCTYPE struts PUBLIC
"-//Apache Software Foundation//DTD Struts Configuration 2.0//EN"
"http://struts.apache.org/dtds/struts-2.0.dtd">
```

```
<struts>
    <package name="catalog"  namespace="/catalog" extends="struts-default">
        <action      name="showCategory"
                     class="action.catalog.ShowCategoryAction">
            <result >/catalog/Category.jsp</result>
        </action>
    </package>
</struts>
```

在<struts>标签中可以有多个<package>，namespace 属性指定 action 的访问路径（不包括动作名），如“/catalog”。extends 属性继承一个默认的配置文件“struts-default”，一般都继承于它，大家可以先不去管它。<action>标签中的 name 属性表示动作名，class 表示动作类名（全名，前面有包名）。

<result>标签的 name 属性实际上就是 execute 方法返回的字符串，由这个字符串决定返回的页面。由于在例子中返回 SUCCESS，所以不需要设置 name 属性的值。但是如果希望返回的是“positive”，希望跳转到 positive.jsp 页面，如果是“negative”，希望跳转到 negative.jsp 页面，就需要做如下配置：

```
<result name="positive">/positive.jsp</result>
<result name="negative">/negative.jsp</result>
```

在<struts>中可以有多个<package>，在<package>中可以有多个<action>。我们可以用如下的 URL 来访问这个 Action：

```
http://localhost:8080/mypetstore/catalog /showCategory.action?catid=FISH
```

注：Struts 2 是以.action 结尾。

配置文件也可以通过<include>标签实现模块化，即将相关的 Action 配置到同一个配置文件中，如将宠物分类展现的 Action 都配置到 struts-catalog.xml 中，然后通过<include>标签引入到 struts.xml 中，即如下在 struts-catalog.xml 中配置 ShowCategoryAction：

```
<?xml version="1.0" encoding="UTF-8" ?>
<!DOCTYPE struts PUBLIC
        "-//Apache Software Foundation//DTD Struts Configuration 2.0//EN"
        "http://struts.apache.org/dtds/struts-2.0.dtd">

<struts>

    <package name="catalog"  namespace="/catalog" extends="struts-default">
        <action      name="showCategory"
class="action.catalog.ShowCategoryAction">
            <result >/catalog/Category.jsp</result>
        </action>
    </package>
</struts>
```

然后在 struts.xml 中去掉原来关于 ShowCategoryAction 的配置，使用<include>标签引入 struts-catalog.xml。代码如下：

```
<?xml version="1.0" encoding="UTF-8" ?>
<!DOCTYPE struts PUBLIC
    "-//Apache Software Foundation//DTD Struts Configuration 2.0//EN"
    "http://struts.apache.org/dtds/struts-2.0.dtd">

<struts>

    <include file="struts-csatalog.xml"/>

    <!-- Add packages here -->

</struts>
```

这样 struts.xml 成为一个总的配置文件，而其他各模块的 Action 配置可以分别放在不同的配置文件中。

9.2.4 编写用户界面（JSP 页面）

由于我们在前面已经实现了这些页面，下面只是做响应的调整。

1. 主界面（Main.jsp）

以前在 Main.jsp 中是直接调用 Category.jsp 或调用 ShowCategoryServlet，现在要修改为调用 showCategory 这个 action，即把原来的 Category.jsp 或 ShowCategoryServlet 全部替换成 showCategory.action。代码如下：

```
（默认 web.xml 中 Struts2 过滤器 url-pattern 配置为/*.action 时）
.....
<a href="showCategory.action?catid=XXX">
....
```

2. 公共头部文件(IncludeTop.jsp)

同 Main.jsp，将 Category.jsp 或 ShowCategoryServlet 全部替换成 showCategory.action。代码如下：

```
    .....
    <A href="../catalog/showCategory.action?catid=XXX">
....
```

在 MyEclipse 中启动 mypetstore 项目，在浏览器地址栏中输入如下的 URL 来测试这个例子：

```
http://localhost:8080/mypetstore/catalog/showCategory.action?catid=FISH
```

9.3 Struts 2 的其他重要知识点

9.3.1 Struts 2 的标签库

Struts 2 标签提供跟 JSTL 类似的功能。要使用 Struts 2 的标签，只需要在 JSP 页面添加如下一行定义即可：

```
<%@ taglib prefix="s" uri="/struts-tags"%>
```

所以页面中是否使用了 Struts 2 标签是很好辨认的，就是具有上述语句，并且具有类似<s:xxx>的标签。

可以对比 JSTL 学习 Struts 2 的标签。比如 Struts 2 流程控制标签<s:if>与<c:if>功能类似，也有一个 test 属性，其表达式的值用来决定标签里内容是否显示。

示例：

```
<s:if test="#request.username=='hzd'">欢迎 hzd</s:if>
```

但是这里是一个 ONGL 表达式，写法与<c:if>中的 EL 表达式不同，而且 Struts 2 还提供<s:elseif>与<s:else>。

由于 JSTL 标签是标准，而且 Struts 2 标签也没有绝对优势，互联网上资源也很丰富，所以我们不在这里赘述，感兴趣的读者可以查阅相关资料学习使用。

9.3.2 Struts 2 的类型转换

因为 Web 应用程序的请求参数是通过浏览器发送到服务器的，这些参数不可能有丰富的数据类型，因此必须在服务器端完成数据类型的转换。Struts 2 提供了功能非常强大的类型转换支持。

Struts 2 的类型转换是基于 OGNL 表达式的，只要我们把 HTML 输入项（表单元素和其他 GET/POST 的参数）命名为合法的 OGNL 表达式，就可以充分利用 Struts 2 的转换机制。如 Action 的属性与表单元素同名（录入年龄的文本框命名为 age，Action 中有一个 int 属性 age，可以自动将录入的值转化为整型）。除此之外，Struts 2 提供了很好的扩展性，开发者可以非常简单地开发自己的类型转换器，完成字符串和自定义复合类型之间的转换。主要包括以下 2 种：

（1）继承 DefaultTypeConverter，覆盖 public Object convertValue(Map context, Object value, Class toType)方法即可。

（2）继承 StrutsTypeConverter，覆盖 public Object convertFromString(Map context, String[] values, Class toClass) 方法，该方法负责转换从页面传递过来的数据；覆盖父类的 public String convertToString(Map context, Object o)方法，该方法负责将 Action 中处理好的数据转换成相应格式的字符串。StrutsTypeConverter 简化了类型转换器的实现，它是

DefaultConverter 的子类。

9.3.3 Struts 2 的数据验证

Struts 2 的数据验证就是对输入数据进行验证。Struts 框架校验的流程是这样的：首先对输入数据进行类型转换，然后再进行数据校验，如果类型转换与数据校验都没有错误发生，就进入 execute()，否则请求将被转发到 input 视图。我们将在后面章节通过为登录添加数据验证进行详细讲解。Struts 2 的数据验证有以下 3 种方式：

（1）编码验证。ActionSupport 是个工具类，它实现了 Action, Validatable 等接口，Validatable 提供 validate()方法进行数据验证，所以自定义的 Action 只要继承 ActionSupport 类，重写 validate()方法就可以进行数据验证，该方法就会将验证代码和正常的逻辑代码混在一起，不利于代码维护。

（2）使用 Validation 框架。需要建立一个验证规则配置文件。验证文件的名字为：×××Action-validation.xml。验证的方式包含字段验证和非字段验证。字段验证表示对某个字段进行某些类型的验证。非字段验证表示用某个类型的验证来验证某个字段。两种方式底层实现一样，只是表现方式不同，字段验证方式比较直观。如果 Action 中执行业务的方法为 test，则可以通过编写 ×××Action-test-validation.xml 来对 test 方法的数据进行验证，且执行完 test 方法的私有验证文件后，还会执行默认的验证文件 ×××Action-test-validation.xml 的验证。

（3）Struts 2 进行客户端的验证。首先需要使用 Struts 2 的标签库，且标签库的 theme 属性不能为 Simple，然后设置标签的 validate 属性为 true。注意：Struts 2 的客户端验证依赖于服务器的验证配置文件。

9.3.4 Struts 2 的拦截器

Struts 2 的拦截器是 Struts 2 的核心，其底层实现使用了 Java 的反射机制与动态代理。在 Struts 2 的配置文件中为一个 Action 引入了一个拦截器，则配置的默认拦截器不会被调用，需要手工配置到该 Action 中。

实现 Struts 2 拦截器的方法：

（1）实现 Interceptor 接口，并实现 init，destrory 以及 intercept 方法。

（2）继承 AbstractInterceptor 类，覆盖 intercept 方法。

（3）继承 MethodFilterInterceptor 类，覆盖 intercept 方法。该类可以对特定的方法进行拦截。

拦截器栈可以包含拦截器和拦截器栈。

9.3.5 文件的上传和下载

为系统提供文件上传和下载功能是很常见的。

（1）上传使用 apache 组织开发的 commons-fileupload 和 commons-io 包，并且按需要配置 fileUpload 拦截器和相应的上传参数，比如上传文件的类型，上传文件的大小。多文件的上传可以使用 js 代码来在页面修改上传文件的列表，在 Action 中则用三个列表分别来保存文件对象（file），文件名（fileName），以及文件类型（fileContentType）。

（2）文件下载使用流进行读取：

return ServletActionContext.getServletContext.getResourceAsStream("文件名")
并将 Action 的结果返回类型设定为 stream，即流。按需要配置相应的参数。

9.3.6 动态方法调用

动态方法调用就是为了解决一个 Action 对应多个请求的处理，以免 Action 太多。后面章节处理用户登录、退出和注册以及账户编辑都使用一个 Action。

（1）Action 配置文件中指定：<action name="×××" method="">，或使用通配符：<action name="*Login" class="com.action.LoginAction" method="{1}">，若 Action 的 url 为 helloLogin，则调用 LoginAction 的 hello 来处理业务。

（2）在客户端即页面指定：<s:form action="method!actionName">，这里用到了 Struts 2 的 HTML 表单标签<s:form>，它等价于<form>。

9.3.7 防止表单的重复提交

在日常的开发中，经常会碰到表单重复提交的问题，如注册时多次提交，一个用户就会注册多次，所以需要避免。

当用户首次访问包含表单的页面时，服务器会在这次会话中创建一个 session 对象，并产生一个令牌值，然后将这个令牌值作为隐藏输入域的值，随表单一起发送到服务器端，同时将令牌值保存到 session 中。当用户提交页面时，服务器首先判断请求参数中的令牌值和 session 中保存的令牌值是否相等，若相等，则清除 session 中的令牌值，然后执行数据处理操作。如果不相等，则提示用户已经提交过了表单，同时产生一个新的令牌值，保存到 session 中。当用户重新访问提交数据页面时，将新产生的令牌值作为隐藏输入域的值。

主要步骤如下：

（1）在表单中加入<s:token />（需要首先导入 Struts 2 的标签库 <%@taglib uri="/struts-tags" prefix="s" %>）。

```
<s:form action="helloworld_other" method="post" namespace="/test">
        <s:textfield name="person.name"/>
        <s:token/>
        <s:submit/>
</s:form>
```

（2）在 struts.xml 配置文件中相应的 action 上配置 token 拦截器或者 tokenSession 拦截器。

```
<action name="helloworld_*" class="com.jim.action.HelloWorldAction" method="{1}">
        <interceptor-ref name="defaultStack"/>
        <interceptor-ref name="token" />
        <result name="invalid.token">/WEB-INF/page/message.jsp</result>
        <result>/WEB-INF/page/result.jsp</result>
</action>
```

以上配置加入了 "token" 拦截器和 "invalid.token" 结果，因为 "token" 拦截器在会话的 token 与请求的 token 不一致时，直接返回 "invalid.token" 结果。

<interceptor-ref name="defaultStack"/>就是配置默认的拦截器，使得在加入了"token"拦截器后，默认拦截器可以被调用（见 9.3.4 节）。

9.3.8 Struts 2 中 Action 与 Servlet 容器的耦合

Struts 2 中，Action 与 Servlet 容器分离，便于调试。但是有时候 Action 的方法需要访问保存到会话或请求中对象，比如登录成功后，将用户信息保存到会话中，则需要选择如下三种方式：

（1）实现 ServletRequestAware 或 ServletResponseAware 接口，并提供对 request 或者 response 熟悉的设置方法。

（2）使用 ActionContext（但不能获得 response 对象）。改方法，方便单元测试。

（3）使用 ServletActionContext。ServletActionContext 是 ActionContext 的子类。

首选使用 ActionContext，其次是 ServletActionContext。

作　　业

一、简答题

1．使用 Struts 2 进行开发，需要做哪些配置？

2．自定义 Struts 2 的 Action 类需要继承哪个类？通常要实现哪个方法？需要把什么定义成 Action 的属性？

二、填空题

编写 Action 必须继承__________或实现_________；通过定义一个同名属性和其对应 setter 方法传递__________的值；处理请求的 Action 类方法的返回类型必须是_________，其返回值必须与配置文件的___________（struts/package,action,result 标签）的值对应。

任务9 使用 Struts 2 优化宠物分类展现功能

一、任务说明

在任务 8 的基础上，使用 Struts 2 优化宠物分类展现模块，去掉页面中的 Java 代码。

二、开发环境准备

同任务 8 的开发环境，在此基础上参照 9.2.1 节。

三、完成过程

用 Struts 2 重写宠物分类展现模块。

第10章 使用 Struts 2 进阶

本章要点

实现宠物商城的登录功能
继续熟悉 MVC 设计模式
继续熟悉 Struts 2 框架，特别是 Struts 2 的动态方法调月，标签库、Action 与 Servlet 容器的耦合、数据验证、防止表单的重复提交等

10.1 用户登录页面和 MVC 模块划分

10.1.1 用户登录的页面及流程

用户登录页面如图 10.1 所示。

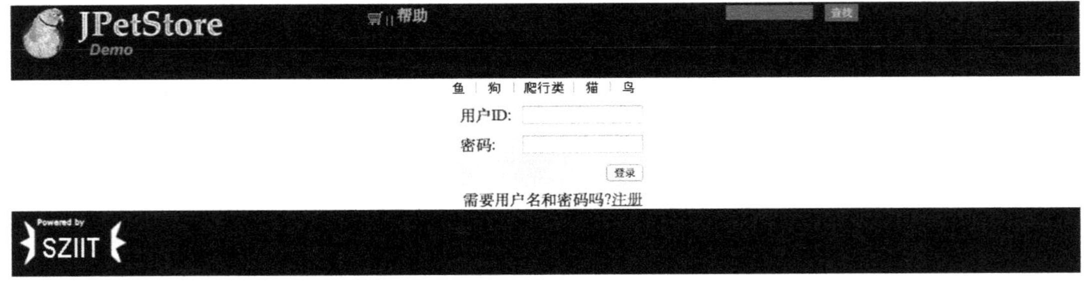

图 10.1 用户登录页面

输入用户名和密码并单击登录按钮，如果用户名和密码无误，则回到主页面并提供欢迎信息，如图 10.2 所示。否则，显示登录失败页面，如图 10.3 所示。

图 10.2　登录成功页面

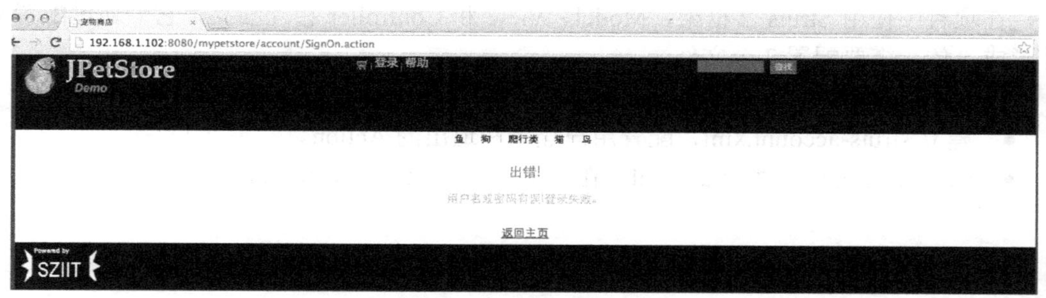

图 10.3　登录失败页面

10.1.2　用户登录的实现思路

使用 Struts 2 实现 Web 应用程序最关键的是要设计好 Model 层、View 层和 Controller 层以及它们之间的关系，然后按照这样的设计实现相关组件并配置好 struts.xml 和 web.xml 文件。

所以，实现用户登录的主要工作包括分别实现 Model 层、View 层和 Controller 层各模块，然后进行配置，将各模块统一起来完成登录功能。

1．Model 层

这部分的工作包括：

- 在数据库中创建表 account。
- 创建对应 POJO 类 Account。
- 创建表 account 与类 Account 的 hibernate 映射文件 Account.hbm.xml。
- 创建访问数据库的 DAO 类 AccountDAO。
- 修改业务统一接口 PetStore 及其实现类，在其中添加访问表 account 的相关方法。

2. View 层

这部分工作包括：

- 登录录入页面。
- 登录成功页面。
- 登录失败页面。

3. Controller 层

这部分工作包括创建一个登录处理的 Action 类，在其中定义 2 个方法，分别处理登录和退出：

- 定义 signOn()方法处理用户的登录。
- 定义 signOff()方法处理用户的退出。

这里用到了 Struts 2 的动态方法调用。

4. 配置

在项目中使用 Struts 2 框架，Model、View 和 Controller 相互独立，它们通过配置文件形成一体。需要配置 2 个文件：

- web.xml，配置相关过滤器和欢迎页面，已经在前面完成。
- 建立 struts-account.xml，配置用户登录和退出的 Action。
- 修改核心配置文件 struts.xml，在其中引入 struts-account.xml。

10.2 用户登录 Model 层的实现

本节介绍在数据库中创建表 account、创建对应 POJO 类 Account、创建表 account 与类 Account 的 hibernate 映射文件 Account.hbm.xml、创建访问数据库的 DAO 类 AccountDAO。

mypetstore 项目统一业务处理接口 PetStore 是各模块进行业务处理的唯一接口（10.4.1 节将使用该接口实现 AccountAction），所以在本节还介绍将访问表 account 的方法添加到该接口中，并修改其实现类 PetStoreImpl。

10.2.1 创建数据库表 account，生成对应 POJO 类及 Hibernate 映射文件

account 的数据模型如图 10.4 所示，可以参照第 3 章相关内容在数据库 Petstore 中创建表 account。在 MySQL 中创建表 account 的 SQL 语句如下：

```
use petstore;
DROP TABLE IF EXISTS account;
CREATE TABLE  account (
```

```
    accountId bigint(20) NOT NULL auto_increment,
    username varchar(80) NOT NULL,
    password varchar(80) NOT NULL,
    firstname varchar(80) NOT NULL,
    lastname varchar(80) NOT NULL,
    email varchar(80) NOT NULL,
    status varchar(2) NOT NULL,
    addr1 varchar(80) NOT NULL,
    addr2 varchar(40) NOT NULL,
    city varchar(80) NOT NULL,
  state varchar(80) NOT NULL,
    zipcode varchar(20) NOT NULL,
    country varchar(20) NOT NULL,
    phone varchar(80) NOT NULL,
    langPreference varchar(80) NOT NULL,
constraint pk_account primary key (accountId),
constraint uk_account unique key(username)
)DEFAULT CHARSET=utf8;
```

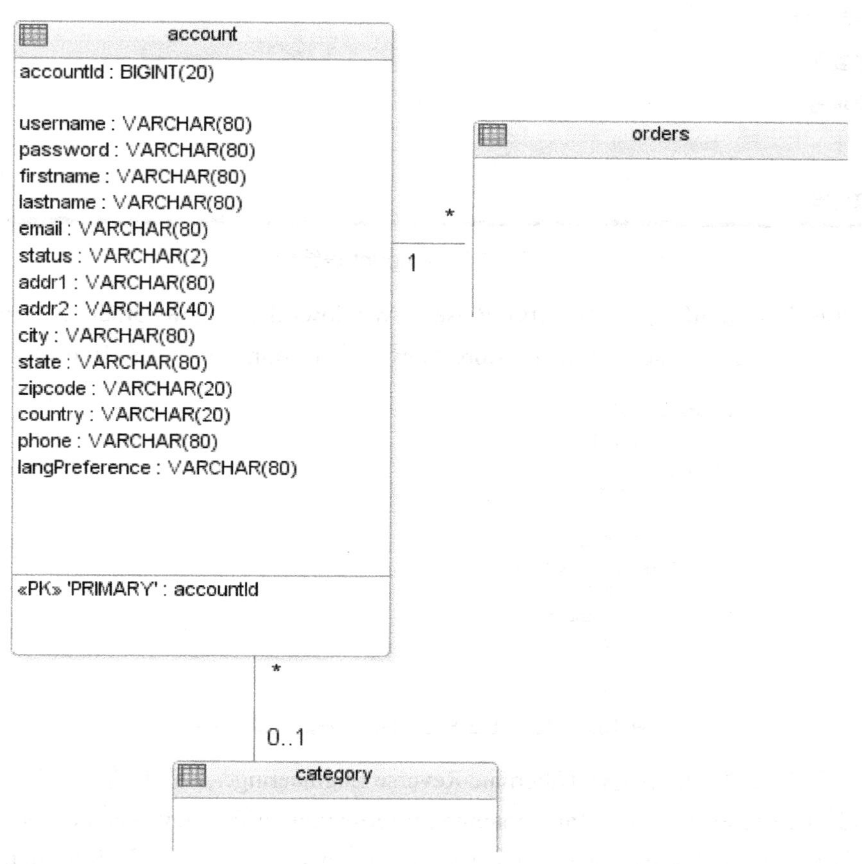

图 10.4　用户登录的数据模型

如果创建成功，则使用 NaviCat 可以看到如图 10.5 所示的表结构。

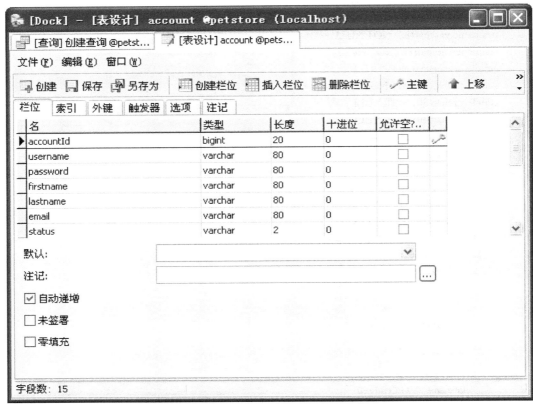

[Dock] - [表设计] account @petstore (localhost)

[查询] 创建查询 @petst… [表设计] account @pets…

文件(F) 编辑(E) 窗口(W)

创建 保存 另存为 创建栏位 插入栏位 删除栏位 主键 上移

栏位 索引 外键 触发器 选项 注记

名	类型	长度	十进位	允许空?..
accountId	bigint	20	0	☐
username	varchar	80	0	☐
password	varchar	80	0	☐
firstname	varchar	80	0	☐
lastname	varchar	80	0	☐
email	varchar	80	0	☐
status	varchar	2	0	☐

默认:

注记:

☑ 自动递增

☐ 未签署

☐ 零填充

字段数: 15

图 10.5　account 表结构

创建好表 account，可以使用 MyEclipse 中 Window-Show View-Other…，打开 MyEclipse Database 下的 DB Browser，右击 petstore 数据库的 account 表，如图 10.6 所示。

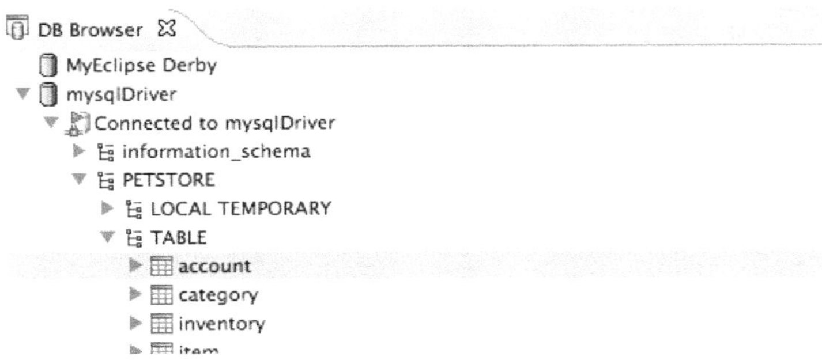

图 10.6　使用 DB Browser 打开数据库 petstore

在打开的快捷菜单中选择 Hibernate Reverse Engineering…，选择存放位置（domain 包）后， 勾选 Create POJO<>DB Table mapping information 和单击 Java Data Object(POJO<>DB table)，注意不要勾选 create abstract class，单击 Finish 按钮可自动创建 accoount 表对应的 POJO 类 Account 和 Hibernate 映射文件 Account.hbm.xml，如图 10.7 所示。

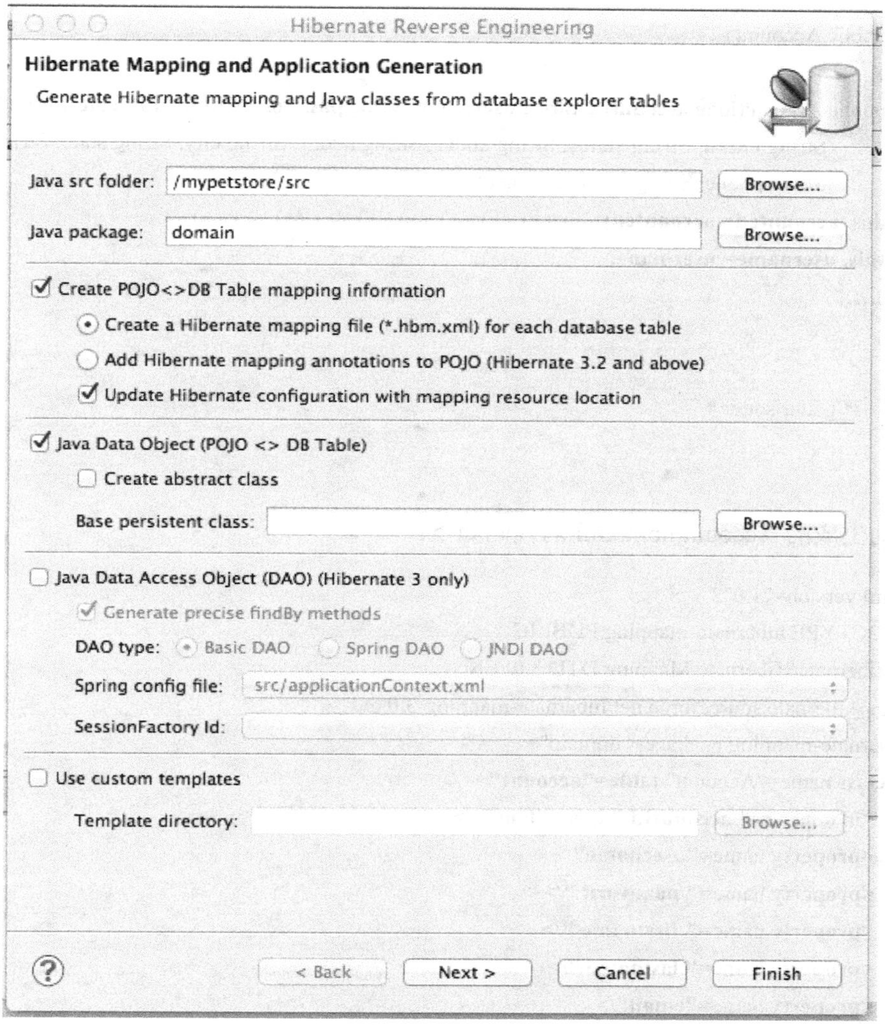

图 10.7 使用 Hibernate Reverse Engineering 生成 POJO 类和 Hibernate 映射文件

自动生成的 Account 类的属性名和 account 表的字段相同，代码如下：

```
package domain;
public class Account implements java.io.Serializable {
   /* Private Fields */
      private long accountId;
      private String username;
      private String password;
      private String firstname;
      private String lastname;
      private String email;
      ……
   /*2 个构造方法*/
```

```
        public Account() {
        }
        public Account(long accountId, String username, String password, String firstname, String lastname,
                String email, String status, String addr1, String addr2, String city, String state, String country,
                String phone, String langPreference){
        this. accounted= accounted;
        this. username= username;
        ……
        }

          /* getter/setter */
        ……
}
```

自动生成的 Account.hbm.xml 的代码如下：

```
<?xml version="1.0"?>
<!DOCTYPE hibernate-mapping PUBLIC
"-//Hibernate/Hibernate Mapping DTD 3.0//EN"
"http://hibernate.sourceforge.net/hibernate-mapping-3.0.dtd">
<hibernate-mapping package="domain">
  <class name="Account" table="account">
    <id   name=" accountId " type="long" />
    <property name="username"/>
    <property name=" password "/>
    <property name=" firstname "/>
    <property name=" lastname "/>
    <property name="email"/>
    ……
  </class>
</hibernate-mapping>
```

在 hibernate.cfg.xml 中将增加一行（见黑色字体部分）：

```
……
<mapping resource="domain/Inventory.hbm.xml" />
            <mapping resource="domain/Item.hbm.xml" />
            <mapping resource="domain/Supplier.hbm.xml" />
            <mapping resource="domain/Product.hbm.xml" />
            <mapping resource="domain/Category.hbm.xml" />
            <mapping resource="domain/Account.hbm.xml" />
      </session-factory>
</hibernate-configuration>
```

10.2.2　创建表 account 对应数据库访问类 AccountDao

创建表 account 对应数据库访问 DAO 类 AccountDao，主要提供方法 getAccount(String username, String password)，根据 username 和 password 的值获得 Account 对象。

AccountDao 代码如下：

```
package dao;

import java.util.List;
import domain.Account;

public class AccountDao extends BaseDao {
      public   Account   getAccount(String username, String password) {
            Account account=null;
            List list=select("from Account where username='"+username+"' and password='"+password+"'");
           if (list!=null && list.size()>0){
                account=(Account) list.get(0);
            }
            return account;
}
//增加 main 方法测试 AccountDao 类，测试通过可去掉测试前在表 account 中增加一些记录
public static void main(String[] args){
           AccountDao dao=new AccountDao();
           //按用户名 username 和密码 password 查找
           Account obj= dao.getAccount("qinguorong","123");
           if(obj==null){
                  System.out.println("not found!");
           }
           else{
               System.out.println(obj.getLastname()+obj.getFirstname());
            }
      }
}
```

10.2.3　在 PetStore 及其实现类中增加相关方法或成员变量

在接口 PetStore 中增加方法 getAccount（String username, String password），即

```
......
public interface PetStore{

......
```

```
        Account    getAccount(String username, String password);
        ......
}
```

在 PetStoreImpl 中增加属性 accountDao 及其 gettter/setter，还有方法 getAccount(String username, String password)，修改构造方法为属性 accountDao 赋值，即：

```
......
public class PetStoreImpl implements PetStore{
    private AccountDao accountDao;

    public AccountDao getAccountDao(){return accountDao;}

    public void setAccountDao(AccountDao accountDao){
            this.accountDao=accountDao;
    }

    public    Account    getAccount(String username, String password) {
        return accountDao.getAccount(username,password);
    }

    public PetStoreImpl(){
        accountDao=new AccountDao();
        ......
    }
}
```

10.3 用户登录 View 层的实现

10.3.1 用户登录页面

在 WebRoot 下创建文件夹 account，将跟用户有关的 jsp 文件都保存在该文件夹下。在 account 文件夹下创建 SignOnForm.jsp，主要是用一个表格给出一个登录页面。

代码如下：

```
<%@ page language="java" contentType="text/html; charset=UTF-8"%>
<%@ taglib prefix="s" uri="/struts-tags"%>
<%@ include file="../common/IncludeTop.jsp" %>

<div id="content">
        <s:form action="signOnLogin" method="post" >
            <s:textfield name="username" label="用户 ID"    />
            <s:password name="password" label="密码"/>
```

```
            <s:token />
            <s:submit value="登录"/>
        </s:form>
    <center>
需要用户名和密码吗?<a href="NewAccountForm.jsp">注册</a></center>
</div>

<%@ include file="../common/IncludeBottom.jsp" %>
```

需要注意上面的黑体部分，在这里用到了 Struts 2 标签。

- <%@ taglib prefix="s" uri="/struts-tags"%> 引入 Struts 2 标签。<s:form> 类似 <form> 定义一个表单，<s:textfield /> 类似 <input type="text"/> 定义文本框，name 属性指定文本框域的名称。<s:password> 类似 <input type="password" /> 定义密码框，name 属性指定密码框域的名称。<s:submit> 类似 <input type="submit"/> 定义提交按钮。
- <s:token/> 保存令牌值的隐藏输入域，用于防止表单重复提交。还需要在 struts.xml 配置文件中相应的 action 上配置 token 拦截器或者 tokenSession 拦截器(见 10.6.2 节)。
- <a href=" NewAccountForm.jsp "">注册</a>中的 href 指定单击链接将打开的页面。

在 MyEclipse 中启动 mypetstore 项目，在内置浏览器的地址栏中录入 http://localhost:8080/mypetstore/account/SignOnForm.jsp，并按回车键，可查看登录页面效果。

10.3.2　用户登录成功页面

用户登录成功页面不需要创建新的文件，只需要修改公共顶部页面 IncludeTop.jsp 和主页面 Main.jsp。用户登录成功前后的快捷菜单是不同的。如图 10.8 所示是用户登录前的快捷菜单。

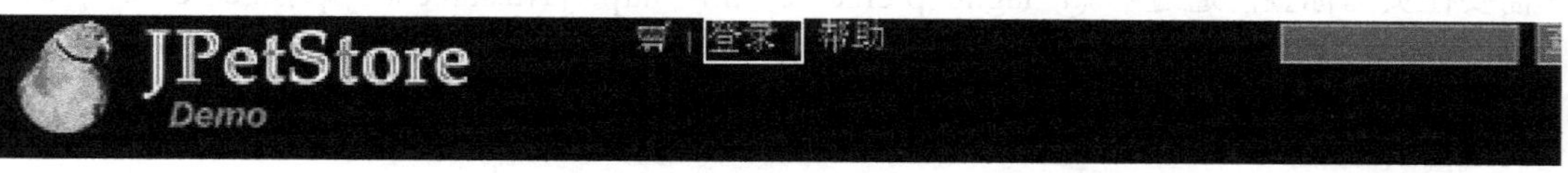

图 10.8　用户登录前的快捷菜单

如图 10.9 所示是登录成功后的快捷菜单。

图 10.9　登录成功后的快捷菜单

快捷菜单在 IncludeTop.jsp 中实现，可以通过 JSTL 的 <c:if> 标签或 Struts 的标签进行判断显示不同的快捷菜单。这里选择使用 JSTL 的 <c:if> 标签（需要在页面标签前通过<%@ taglib prefix="c" uri="http://java.sun.com/jsp/jstl/core"%> 语句引入标签库），即将原来的语句：

```
<A href="">登录</A>
```

替换为：

```
<c:if test="${ account==null}" >
        <a href="../account/SignOnForm.jsp">登录</a>
</c:if>

<c:if test="${ account!=null}" >
        <a href="../account/signOffLogin.action"/>退出</a>
</c:if>
```

其中 account 是保存在 session 中的对象。在 10.4.1 节中 AccountAction 的 signOn 方法对用户登录进行处理，当用户登录成功时，将当前用户的信息保存到 account 中，如果不成功，则设置 account 的值为空（null），所以通过判断 account 的值是否为空可以判断是否登录成功。<c:if test="${account==null}" > 意思是如果 account 为空；<c:if test="${account!=null}" > 意思是如果 account 不为空。

用户登录成功后将显示欢迎信息，如图 10.10 所示。

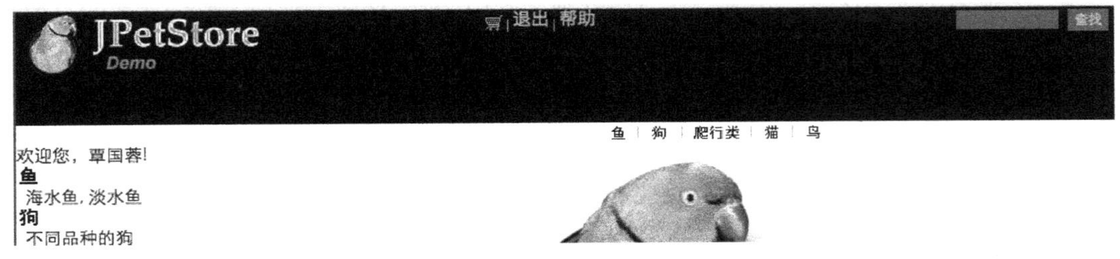

图 10.10　在主页上面显示欢迎信息

这部分功能是在 Main.jsp 中实现的。通过 JSTL 的<c:if>标签进行判断是否输出欢迎信息（需要在页面标签前通过<%@ taglib prefix="c" uri="http://java.sun.com/jsp/jstl/core"%>语句引入标签库）。然后使用 EL 表达式输出用户姓名。即在 <div id="Main"> 和 <div id="Sidebar"> 之间增加如下代码：

```
<c:if test="${ account!=null}">
欢迎您, ${ account.firstname} ${ account.lastname}!
</c:if>
```

10.3.3　用户登录失败页面

登录失败页面由 Error.jsp 来实现。

在项目的 WebRoot/common 文件下创建文件 Error.jsp，代码如下：

```
<%@ page language="java" contentType="text/html; charset=UTF-8" %>
  <%@ include file="IncludeTop.jsp" %>
  <div id="content">
        <center>
```

```
        <H3><font color="red">出错!</font></H3>
        <p>
            <font color="orange">
                <c: out value= "${message}" default= "没有更详细的出错信息." />
                </font>
        </p>
        <br />
            <a href="../catalog/Main.jsp">返回主页</a>
    </center></div>
    <%@ include file="IncludeBottom.jsp" %>
```

其中 <c:out value="${message}" default="没有更详细的出错信息."/> 采用 EL 表达式输出 message 的值。如果 message 的值为空则输出 default 的值"没有更详细的出错信息."。这里的 message 对应 10.4.1 节定义的 AccountAction 的一个属性，输出的是出错提示信息。

可以看出所有模块的出错提示可以共享该页面，只要将出错信息赋值给 message 即可。

启动 Web 服务器后，在浏览器中录入 http://localhost:8080/mypetstore/common/Error.jsp 并按回车键，则全局的出错信息提示页面效果如图 10.11 所示，由于目前 message 还未赋值，所以输出默认值"没有更详细的出错信息."。

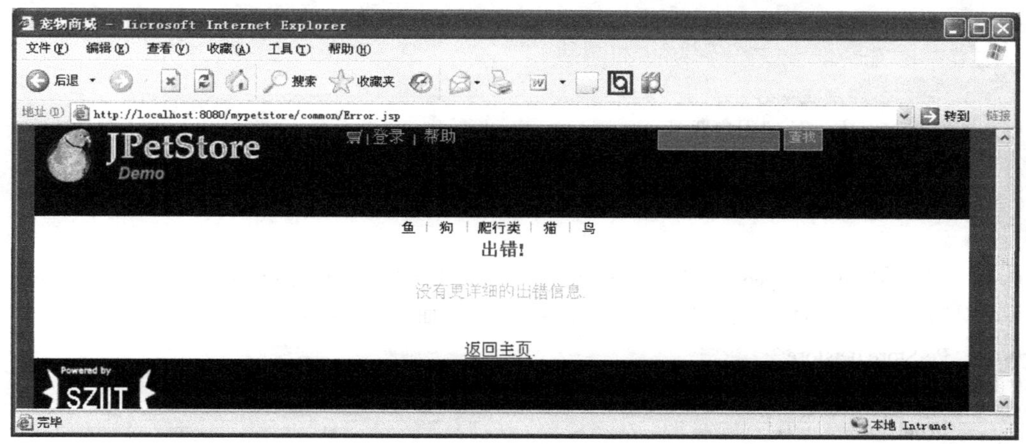

图 10.11　输出默认值的出错信息提示页面

10.4　用户登录 Controller 层的实现

包括用处理用户登录和用户退出的 Action 的实现。

用户登录页面有 2 个输入框：名为 username 的用户名输入框和名为 password 的密码输入框，所以 AccountAction 应包含 username 和 password 2 个属性；message 是为出错页面传递出错提示，所以 AccountAction 还必须有对应属性；session 属性用来保存环境中的会话对象。

用于用户登录的 AccountAction 代码如下：

```
package action.account;

import com.opensymphony.xwork2.ActionSupport;
……

public class AccountAction extends ActionSupport implements SessionAware{
        private String username;//对应登录页面的名为 username 的表单域
        private String password; //对应登录页面的名为 password 的表单域
        private String message;//保存出错信息
        private Map<String, Objec>    session;//会话对象，账户信息需要保存到会话中

    /*SessionAware 接口中定义的方法，参数 s 保存了环境中会话的值*/
        public void setSession(Map<String, Object> s) {
                // TODO Auto-generated method stub
                session=s;
    }
// username、password 和 message 的 etter/setter 可由 MyEclipse 自动生成，这里略
……

//定义 signOn 方法处理用户登录
        public String signOn(){
                String result="failure";

        //从 session 获得 petstore 对象，如果不存在则生成一个并保存到 session 中
        //注意，这里的 session 是一个 Map 对象，不是前面的 HttpSession 对象
        PetStore petstore;
        petstore=(PetStoreImpl)session.get("petstore");
        if(petstore==null){
           petstore=new PetStoreImpl();
           session.put("petstore",petstore);
        }
        Account account= petstore.getAccount(username, password);
        if (account!=null) {//如果用户存在
             result="success";
             session.put("account", account);
         }
         else{
               message= "用户名或密码有误!登录失败。  ";
         }
         return result;
```

```
}
/定义 signOff 方法处理用户退出
    public String signOff (){
        String result="success";
    //String result=SUCCESS;
        //清空 会话中 account 的值
        account=null;
        session.put("account", account);
        return result;
    }
}
```

AccountAction 通过实现 SessionAware 接口，使得可以使用 Servlet 容器的会话对象来保存登录成功后 account 对象的值，即与 Servlet 容器融合（见第 9 章）。

signOn 方法处理用户的登录请求，实现该登录身份认证功能：

- 从 session 获得 petstore 对象，如果不存在则生成一个并保存到 session 中，注意，这里的 session 是一个 Map 对象，不是前面的 HttpSession 对象。代码：

```
PetStore petstore;
petstore=(PetStoreImpl)session.get("petstore");
if(petstore==null){
    petstore=new PetStoreImpl();
    session.put("petstore",petstore);
}
```

- 从属性 username 和 password 获得用户在表单域的输入：用户在登录页面（SignOnForm.jsp）录入的用户名和密码；通过调用 PetStore 的 getAccount 方法来判断数据库中是否存在与录入的用户名和密码相同的用户。代码：

```
Account account= petstore.getAccount(username, password);
```

- 如果存在则设置返回结果为 success ,并将 account 保存到会话中；否则将登录失败的信息保存到 message 属性（或变量）中，以便页面/common//Error.jsp 用 EL 表达式输出 message 的值，见 10.3.3 节。代码：

```
if (account!=null) {//如果用户存在
    result="success";
        session.put("account", account);
}
else{
    message= "用户名或密码有误!登录失败。 ";
}
```

注意：

出错信息是通过属性 message 传递给出错信息显示页面 Error.jsp 的，而欢迎信息中的账户信息（account）则采用另一种方式，即保存到会话中，可以在用户退出前都能显示。即使用户离开主页，再返回，还能显示欢迎信息。而用属性则做不到这一点。为了使用会话，AccountAction 需要实现 SessionAware 接口，定义一个属性 session,通过实现 SessionAware 接口的 setSession 方法将会话对象传递给属性 session。

处理用户退出的 signOff 方法的实现很简单，就是在方法中增加代码将保存在会话中的 account 的值清空。

10.5 为用户登录页面增加数据验证

用户登录时用户名和密码不能为空。当用户没有输入用户名和密码时即单击登录按钮，将显示如图 10.12 所示的页面，不会执行对应 signOn 方法。

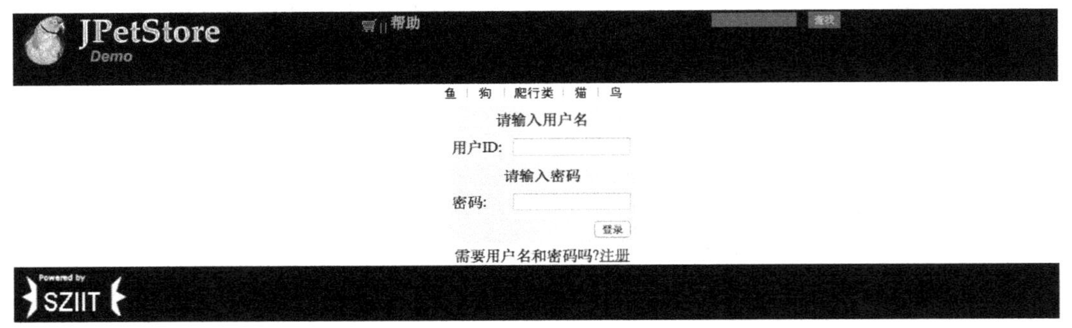

图 10.12 采用 Struts 2 的 validation 框架来实现输入合法性验证的效果

图 10.12 是采用 Struts 2 的 validation 框架来实现输入合法性验证的效果。首先要建立一个验证规则配置文件，然后对应 action 配置，要增加**<result name="input">**的结果项(见 10.6.3 节的 struts-account.xml 配置文件)。

验证规则配置文件是一个基于 XML 的配置文件，需存放到和对应的 Action 相同的目录（或文件夹）下，而且配置文件名要使用如下两个规则中的一个来命名：

```
<ActionClassName>-validation.xml
<ActionClassName>-<ActionAliasName>-validation.xml
```

其中<ActionAliasName>就是 struts.xml 中<action>的 name 属性值。在本例中我们使用第一种命名规则，所以文件名是 AccountAction-validation.xml，存放到 src/action/account 下（与 AccountAction 同一文件夹）。文件的内容如下：

```
<?xml version="1.0" encoding="UTF-8"?>
<!DOCTYPE validators PUBLIC "-//OpenSymphony Group//XWork Validator 1.0.2//EN"
"http://www.opensymphony.com/xwork/xwork-validator-1.0.2.dtd">
<validators>
```

```
        <field name="username">
            <field-validator type="requiredstring">
                <message>请输入用户名</message>
            </field-validator>
        </field>
        <field name="password">
            <field-validator type="requiredstring">
            <message>请输入密码 </message>
            </field-validator>
        </field>
</validators>
```

验证规则配置文件的每一个<field>定义一个需要验证的表单字段，其 name 属性需要与表单字段保证一致。如在 AccountAction-validation.xml，2 个字段的对 name 属性必须跟文本框和密码框的一致（分别为 username 和 password）。

上面文件使用了 requiredstring（必须输入）验证规则，除了 requiredstring，Struts 2 验证规则还有 required，int，date，double，expression，fieldexpression，email，url，visitor，conversion，stringLength,regex（正则表达式）等，关于其他验证规则，可查阅资料。

10.6 用户登录功能的相关配置

第 10.2 节～10.4 节完成了登录的 Model、View 和 Controller 层，本节介绍如何配置使各模块统一成一体，共同完成用户登录功能。

10.6.1 在 web.xml 中配置 Struts 2 过滤器

同前面章节，使用 Struts 首先要在 web.xml 中配置 Struts 2 过滤器。需要注意的是如果 JSP 文件中要使用 Struts 2 标签（前面登录页面 SignOnForm.jsp），那么 JSP 必须是通过 action 跳转得到，也就是必须通过 web.xml 所配置的过滤器访问文件，否则会有异常，所以必须在 web.xml 中增加如下代码（黑体部分）：

```
……
<filter>
  <filter-name>Struts 2</filter-name>
  <filter-class>org.apache.Struts 2.dispatcher.ng.filter.StrutsPrepareAndExecuteFilter</filter-class>
</filter>

  <filter-mapping>
      <filter-name>Struts 2</filter-name>
      <url-pattern>*.jsp</url-pattern>
```

```
    </filter-mapping>

    <filter-mapping>
        <filter-name>Struts 2</filter-name>
        <url-pattern>*.action</url-pattern>
    </filter-mapping>
</Web-app>
```

10.6.2 创建 struts-account.xml 完成登录退出

在 struts.xml 对应文件夹下，创建 struts-account.xml，在其中配置处理登录的 signOnLogin 和处理退出的 signOffLogin，代码如下：

```
<?xml version="1.0" encoding="UTF-8" ?>
<!DOCTYPE struts PUBLIC
"-//Apache Software Foundation//DTD Struts Configuration 2.0//EN"
"http://struts.apache.org/dtds/struts-2.0.dtd">
<struts>
        <package name="account"   namespace="/account" extends="struts-default">
            <action name="signOnLogin"   method="signOn" class="action.account.AccountAction">
            <result name="success" >/catalog/Main.jsp</result>
            <result name="failure">/common/Error.jsp</result>
            </action>
            <action name="signOffLogin"   method="signOff" class="action.account.AccountAction">
            <result name="success" >/catalog/Main.jsp</result>
            </action>
            </package>
</struts>
```

也可以使用通配符同时完成上面 2 个配置：

```
......
<struts>
        <package name="account"   namespace="/account" extends="struts-default">
            <action name="*Login"   method="{1}" class="action.account.AccountAction">
            <result name="success" >/catalog/Main.jsp</result>
            <result name="failure">/common/Error.jsp</result>
            </action>
            </package>
</struts>
```

在 struts.xml 中增加如下语句。

```
.......
<struts>
<include file="struts-account.xml"/>
```

```
....
```

配置完后，运行项目，测试是否可以登录、退出。

10.6.3 修改 struts-account.xml 完成数据校验

为了能够完成数据验证，需要在配置文件中为相应的 Action 添加一个 <result name="input"> 返回值，表示数据不合法时转向的页面。

代码如下（注意黑体部分）：

```
......
<struts>
        <package name="account"   namespace="/account" extends="struts-default">
          <action name="*Login"   method="{1}" class="action.account.AccountAction">
          <result name="success" >/catalog/Main.jsp</result>
          <result name="failure">/common/Error.jsp</result>
          <<result name="input">/account/SignOnForm.jsp</result>>
          </action>
          </package>
</struts>
```

配置完后，运行项目，测试是否正确。

10.6.4 修改 struts-account.xml 完成防止表单重复提交

为了防止表单重复提交，需要在表单中添加标签 <s: token />（前面登录页面已经添加），在对应的 Action 中添加 token 或 tokenSession 拦截器，并且添加一个<result name="invalid.token"> 的返回值，以指定重复提交时转向的页面。

代码如下（注意黑体部分）：

```
......
<struts>
        <package name="account"   namespace="/account" extends="struts-default">
          <action name="*Login"   method="{1}" class="action.account.AccountAction">
          <result name="success" >/catalog/Main.jsp</result>
          <result name="failure">/common/Error.jsp</result>
          <<result name="input">/account/SignOnForm.jsp</result>>
          <interceptor-ref name="defaultStack" />
          <interceptor-ref name="token" />
          <result name="invalid.token">/account/SignOnForm.jsp</result>
          </action>
          </package>
</struts>
```

配置完后，运行项目，测试是否正确。

作　业

一、编程题

使用 Struts 2 开发成绩查询系统。数据库表结构如表 10.1 所示。

表 10.1　分数表 Score 结构

字段名	类　型	长　度	允许空	备　注
sno	varchar	10	否	学号，主键
score	int	4	否	分数

通过学号进行查找，显示学号和分数。没有查询结果时，转到出错页面，提示“没有查询结果，请检查学号是否录入正确”。

任务 10　使用 Struts 2 实现登录注册账户编辑功能

一、任务说明

在任务 9 的基础上，使用 Struts 2 实现用户登录注册和账户编辑功能。

二、开发环境准备

同任务 9。

三、完成过程

1. 参照教材，完成用户登录功能并测试。

2. 参照用户登录功能，完成用户注册功能并测试。

（1）在 mypetstore 项目的 WebRoot/account 目录下创建用户注册页面 RegisterForm.jsp。注册页面只需要提供用户名（username），密码（password），密码确认，名（firstname），姓（lastname）。

（2）修改 AccountDao，增加处理注册的方法 public void insertAccount（Account account）。

（3）修改 PetStore 接口和其实现类 PetStoreImpl，增加处理注册的方法 insertAccount。

（4）增加 action.AccountAction 类的 register 方法处理注册，如果 username 已经注册过，禁止注册并给出出错信息，如果注册成功跳转到登录页面。

（5）测试注册功能和登录功能。

3. 参照用户登录功能，完成“我的账户”功能（编辑账户信息），注意不能修改 accountId 和 username，但是 username 要显示出来。

4. 用 Struts 2 实现购物车功能。

第11章 使用Spring

本章要点

介绍 Spring 的控制反转（依赖注入）
使用 Spring 管理对象之间的依赖
使用 Spring 简化 Hibernate 编程
使用 Spring 包中的类实现分页功能

11.1 Spring 简介

11.1.1 Spring 简介

Struts 是第一个开源的 Java Web 框架，给我们提供了优秀的 MVC 支持，而 Hibernate 则大大简化了持久化代码。

Spring 是一个优秀的轻量级企业应用开发框架，能够大大简化企业应用开发的复杂性，更多的是充当了黏合剂和润滑剂的作用。Spring 有 2 个目标：一是让现有技术更易于使用，二是促进良好的编程习惯，它对 Struts 和 Hibernate 提供了良好的支持，能够把现有的 Java 系统很好地整合起来，并让它们更易用。它大大简化了 Java 企业级开发，通过控制反转（IoC）和面向切面编程（AOP）这 2 种核心技术，统一了对象的配置、查找和生命周期的管理，从而实现了业务层中不同基础服务的分离，简化了企业应用开发的复杂性，即提供了强大、稳定的功能，又没有带来额外的负担。

11.1.2 Spring 开发环境的安装配置

（1）安装 Spring 开发包、生成 Spring 配置文件 applicationContext.xml，并对日志工

具 log4j 进行配置。

下载 Spring 开发包 Spring.jar，并将其复制到项目的 WEB-INF/lib 下。

若对 Spring 的配置文件不熟，可以借助菜单生成配置文件。选择项目（mypetstore）后使用菜单命令配置开发环境（如图 11.1 所示，不同版本的 MyEclipse 菜单命令有差异，但都与 Spring 有关），选择默认设置，最后单击“Finish”将自动生成配置文件 applicationContext.xml。

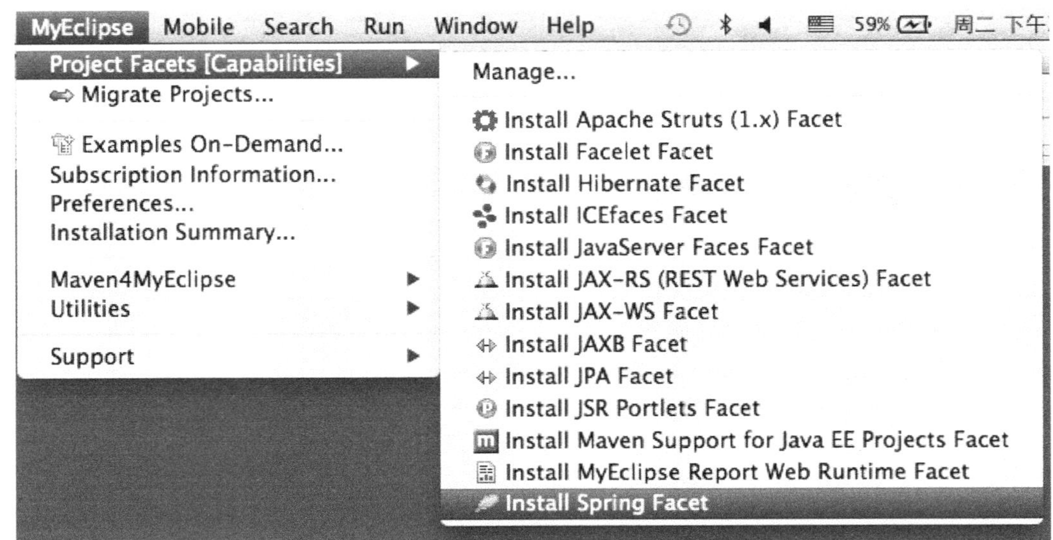

图 11.1 使用菜单配置 Spring 开发环境

在 Spring 中内置了日志工具 log4j，可方便调试。使用之前需要对 log4j 进行简单的配置，这就需要在项目的 src 目录（文件夹）下创建一个 log4j.properties 文件，文件的内容如下：

```
log4j.rootLogger=debug,stdout
log4j.appender.stdout=org.apache.log4j.ConsoleAppender
log4j.appender.stdout.layout= org.apache.log4j.PatternLayout
log4j.appender.stdout.layout.ConversionPattern=%c{1} -%m%n
```

（2）集成 Spring 和 Struts 2。

为了集成 Spring 和 Struts 2，需要将 Struts 2 开发包中的 struts2-spring-plugin-x-x-x.jar 复制到项目的 WEB-INF/lib 下。如果是用高版本的 MyEclipse 的菜单配置的 Struts2，则可能已经有了这个类库（如图 11.2 所示），就不需要手工做了。

（3）在 web.xml 中配置 Spring 监听器。

具体就是定义一个上下文参数 contextConfigLocation，指定 Spring 配置文件的位置（classpath:applicationContext.xml）并定义当该配置文件加载时将启动监听器 org.springframework.Web.context.ContextLoaderListener。高版本的 MyEclipse 可以在用命令添加 Spring 开发包时自动完成配置。

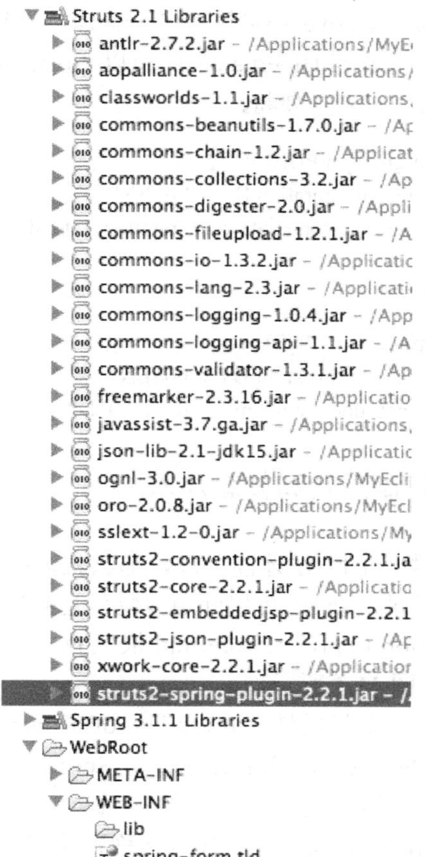

图 11.2　高版本 MyEclipse 自带的 Struts 2 开发包中含有 struts2-spring-plugin

配置好后的代码如下：

```
<?xml version="1.0" encoding="UTF-8"?>

<Web-app>

    <context-param>
        <param-name>contextConfigLocation</param-name>
        <param-value>classpath:applicationContext.xml</param-value>
    </context-param>
<listener>

<listener-class>org.springframework.Web.context.ContextLoaderListener</listener-class>
</listener>
<!--省略后面代码-->
```

高版本的 MyEclipse（如 MyEclipse 2014）可以省去很多配置的麻烦，但是由于最高版本的Spring（如MyEclispe 2014默认的Spring 3.3）目前都还没有将Hibernate 4（MyEclispe 2014 默认版本）很好集成，所以在 applicationContext.xml 中配置并注入 sessionFactory 时

会有很多问题。解决方案为：remove（移除）Hibernate4，add（增加）Hibernate3.3。而且由于 Hibernate4 并不能很好地兼容 Hibernate3.3，所以 hibernate 配置文件 hibernate.cfg.xml 和映射文件 XXXX.hbm.xml 的 DTD 要将：

```
<!DOCTYPE hibernate-configuration PUBLIC
        "-//Hibernate/Hibernate Configuration DTD 3.0//EN"
        "http://www.hibernate.org/dtd/hibernate-configuration-3.0.dtd">
```

修改为：

```
<!DOCTYPE hibernate-configuration PUBLIC
        "-//Hibernate/Hibernate Configuration DTD 3.0//EN"
"http://hibernate.sourceforge.net/hibernate-configuration-3.0.dtd">
```

11.1.3 Spring 的控制反转和依赖注入

如果类 A 的方法需要类 B 的方法才能完成，那么就可以说类 A 依赖类 B。回忆实现宠物分类展现和宠物用户登录的细节，可以知道宠物信息和用户登录相关模块的依赖关系是这样的：Action 依赖 PetStoreImpl，PetStoreImpl 依赖 DAO，由 DAO 类负责访问数据库，如图 11.3 所示。

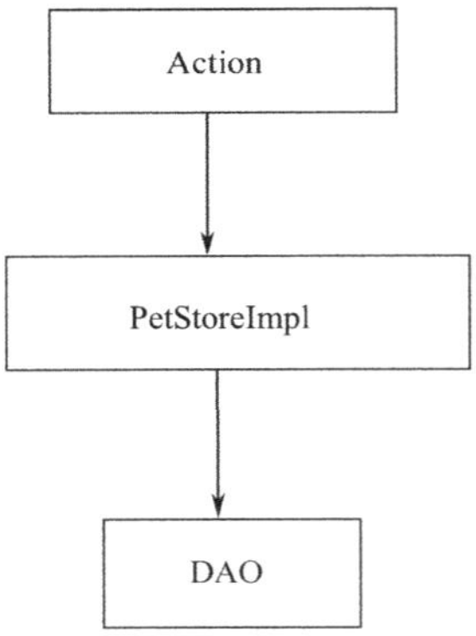

Action → PetStoreImpl → DAO

图 11.3 组件的依赖关系

控制反转（Inversion of Control，简称 IoC）和依赖注入（Dependency Injection）是 Spring 引入的新概念。控制反转就是由容器控制程序之间的关系，而不是在程序中直接使用代码控制，控制权由程序代码转移到外部容器。控制权的转移就是所谓的反转。依赖注入在本质上是控制反转的另一种解释，由于程序之间的依赖关系是由容器控制的，在程序运行期间，由容器动态地将依赖关系注入到组件（通常也称作 Bean）中，这就是依赖注入的本质含义。

Spring 本质上就是一个 IoC 容器。通过 XML 文件配置 Bean 及 Bean 之间的依赖关系，然后使用 Spring 加载 XML 文件，根据 XML 文件创建 Bean。这样做的好处是如果替换 Bean，不用修改程序，只需修改 XML 文件。

11.2 使用 Spring 的依赖注入重写 catalog 模块

11.2.1 用 Spring 管理 PetStoreImpl 和各 DAO 类对象之间的依赖

具体就是使用配置文件 applicationContext.xml 定义依赖关系，applicationContext.xml

以与依赖方向相反的顺序进行注入，即先定义各 DAO 对应的 bean，再定义 PetStoreImpl 对应的 bean。代码如下（注意黑体代码）：

```
<?xml version="1.0" encoding="UTF-8"?>
<beans xmlns="http://www.springframework.org/schema/beans"
    xmlns:xsi="http://www.w3.org/2001/XMLSchema-instance"
    xsi:schemaLocation="http://www.springframework.org/schema/beans
http://www.springframework.org/schema/beans/spring-beans-2.0.xsd">
        <bean id="categoryDao" class="dao.CategoryDao">
         </bean>
        <bean id="productDao" class="dao.ProductDao">
         </bean>
        <bean id="itemDao" class="dao.ItemDao">
         </bean>
      <bean id="inventoryDao" class="dao.InventoryDao">
         </bean>
      <bean id="accountDao" class="dao.AccountDao">
         </bean>

         <!--以下定义的 bean，为其 5 个属性注入了值-->
      <bean id="petstore" class="business.PetStoreImpl">
            <property name="categoryDao" ref="categoryDao"/>
            <property name="productDao" ref="productDao"/>
            <property name="itemDao" ref="itemDao"/>
            <property name="inventoryDao" ref="inventoryDao"/>
            <property name="accountDao" ref="accountDao"/>
        </bean>
</beans>
```

在 Spring 的配置文件中，使用<bean>来创建 Bean 的实例。这个节点有 2 个重要属性，一个是 id，表示定义的 bean 实例的名称；一个是 class，表示定义的 bean 的类型。

在 applicationContext.xml 文件中定义了 6 个 bean：categoryDao、productDao、itemDao、inventoryDao、accountDao 和 petstore。

id 为 petstore 的 bean 使用<property>设置了 5 个属性（categoryDao、productDao、itemDao、inventoryDao 和 accountDao）的值。注意，这 5 个属性必须都有对应的 setter 方法。

<property>节点的 name 属性对应 Bean（这里是 PetStoreImpl）的 setter 方法（如 setCategoryDao 等方法）声明的 Bean 属性，ref（或 value）属性表示要注入的值。value 属性用于注入基本类型（包括 String）的值，ref 属性用于注入已经定义好的 Bean，如 categoryDao 等。

注意：需要注入的属性，一定要有 setter 方法。

由于加载配置文件可以自动生成 categoryDao，productDao, itemDao, inventoryDao, accountDao 等 PetStoreImpl 成员变量的值，并注入到 petstore 中，PetStoreImpl 的构造方法（见 5.6.2 节）可以去掉。

```
public class PetStoreImpl implements PetStore{
……

 //构造方法，对成员变量初始化
public PetStoreImpl(){
      categoryDao=new CategoryDao();
      productDao=new ProductDao();
      itemDao=new ItemDao();
      inventoryDao=new InventoryDao();
……
 }
```

编写类 testSpring 测试配置文件 applicationContext.xml 的正确性。为了获得 Catid=FISH 的 Category 对象实例，testSpring 采用 2 种方法：一是通过获得 id 为 petstore 的 bean 对象，调用其 getCategory 方法，一是通过获得 id 为 categoryDAO 的 bean 对象，调用其 getCategory 方法。

testSpring 是一个 Java application，需要调用类 ApplicationContext 的 getBean 方法从配置文件获得指定 id 的 bean 对象。而类 ClassPathXmlApplicationContext 是 ApplicationContext 的子类，它提供一个构造方法，其参数是一个表示配置文件名的字符串。这个构造方法会按照配置文件加载各个 bean。

testSpring 代码如下：

```
package business;

import org.springframework.context.ApplicationContext;
import org.springframework.context.support.ClassPathXmlApplicationContext;

import domain.Category;
import dao.CategoryDao;

public class testSpring {
    public static void main(String[] s){
        ApplicationContext context=new ClassPathXmlApplicationContext("applicationContext.xml");

        /* 通过 id 获得 bean 对象 */
        PetStore petstore=(PetStoreImpl)context.getBean("petstore");

        /* 通过 petstore 访问数据库得到分类编号为 FISH 的 Category 对象 */
        Category category=petstore.getCategory("FISH");
        System.out.println("通过 petstore 得到 FISH 对应的分类名称："+category.getName());
```

```
        /* 通过id为"categoryDao"的bean对象访问数据库得到分类编号为FISH的Category对象 */
        CategoryDao dao=(CategoryDao)context.getBean("categoryDao");
        Category category1=dao.getCategory("FISH");
        System.out.println("通过 categoryDao 得到 FISH 对应的分类名称："+category.getName());

        /* 可增加代码测试获得其他 id 的 bean 对象的正确性 */
    }
}
```

以上程序运行结果如图 11.4 所示。

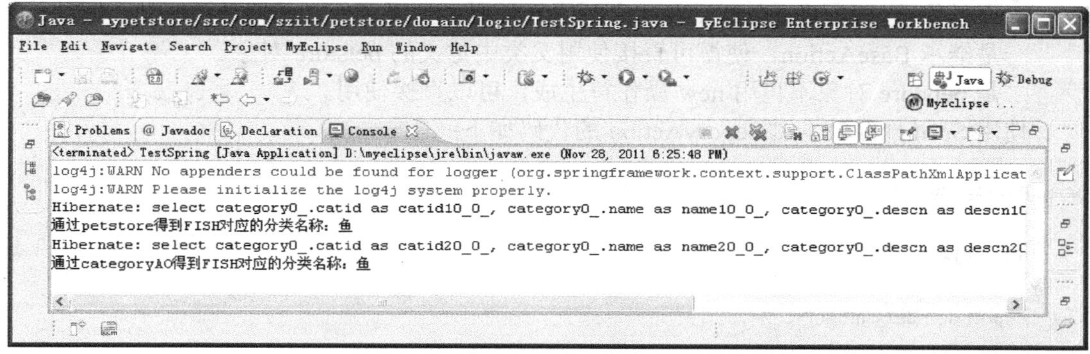

图 11.4 testSpring 执行结果

注意：如果是 Web 项目，只要在服务器端的 Action 中增加对应 bean 的 setter 方法，Web 服务器启动时会自动按照 applicationContext.xml 加载各个 bean，并调用 setter 方法注入到各个 Action 对象中。

11.2.2 生成 BaseAction 传递 petstore 对象

在 action 包中创建一个 BaseAction。主要是通过 BaseAction 的成员变量 petstore 向所有 Action 传递 Web 容器自动加载的 petstore 对象。

```
package action;

import com.opensymphony.xwork2.ActionSupport;
import business.PetStore;

public class BaseAction extends ActionSupport{
    //统一业务接口对象
    protected PetStore petstore;//子类可以直接使用

    //依赖注入业务接口对象所必须的 setter 方法
```

```
    public void setPetstore(PetStore petstore) {
        this.petstore = petstore;
    }
}
```

注意：BaseAction 定义了一个成员变量 petstore，并且有对应的 setter 方法，系统会自动将环境加载的名为 petstore 的对象（在 applicationContext.xml 中配置 id="petstore"）的值赋给它。

11.2.3 重写已经完成的 Action

下面以修改 ShowCategoryAction 为例进行说明。主要进行 2 处修改：

一是继承 BaseAction，使得可直接使用父类中定义的 petstore 对象。

二是 petstore 对象不再用 new 操作符生成，可以直接使用。

使用 Spring 的 ShowCategoryAction 的代码如下：

```
package action;

import java.util.List;

import domain.Category;

public class ShowCategoryAction extends BaseAction {
    private String catid;
    private Category category;

        public String execute() throws Exception {
        //直接使用 petstore，因为已经注入了
        category=petstore.getCategory(catid);
            return super.execute();
    }
    /省略 getter/setter
    .......
}
```

读者完成其他 Action 的修改，然后重新启动服务器，查看页面效果。

需要指出的是：在 Spring 中即使没有配置 Action 与 PetStoreImpl 对象之间的依赖，Web 容器会自动加载 petstore 并且将其赋值给各 Action 对象。

11.3 使用 Spring 简化 Hibernate 编程

第 8 章已经使用 Hibernate 实现了 BaseDao 类，本节采用另一种方法实现它。

11.3.1　继承 HibernateDaoSupport 实现 BaseDao 类

如图 11.5 所示，Spring 提供了 HibernateDaoSupport 可以简化 BaseDao 类的代码。HibernateDaoSupport 提供方法 getHibernateTemplate()可以得到一个 HibernateTemplate 对象，HibernateTemplate 对数据库操作做了进一步封装，只需要简单调用 HibernateTemplate 的方法即可完成对数据库的操作。HibernateTemplate 常用方法如表 11.1 所示。

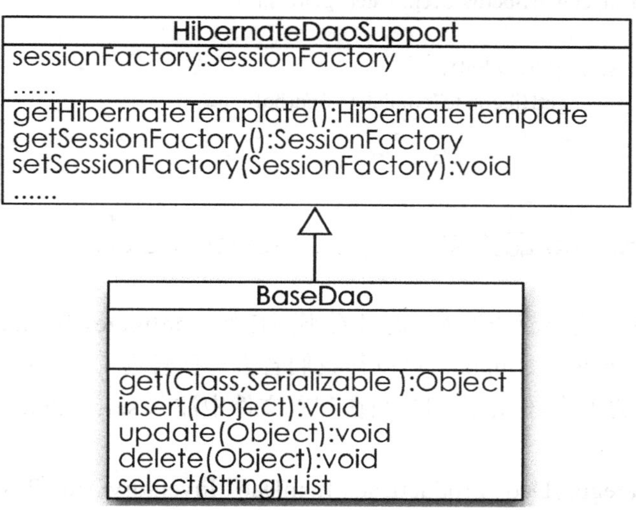

图 11.5　继承 HibernateDaoSupport 实现 BaseDao 类

表 11.1　HibernateTemplate 常用方法

方 法 名	功　　能
get(Class cls,java.io.Serializable id)	获得一个对象
saveOrUpdate(Object obj)	根据对象状态插入或修改
delete(Object obj)	删除持久化状态对象
find(String hql)	根据 HQL 语句查询对象

继承 HibernateDaoSupport 的 BaseDao 代码如下：

```
package dao;

import java.util.List;
import org.springframework.orm.hibernate3.support.HibernateDaoSupport;

public class BaseDao extends HibernateDaoSupport{
    public void insert(Object obj){
        super.getHibernateTemplate().saveOrUpdate(obj);
    }
```

```
        public void delete(Object obj){
                super.getHibernateTemplate(). delete(obj);
        }
        public void update(Object obj){
                super.getHibernateTemplate().saveOrUpdate(obj);
        }
        public Object get(Class cls,java.io.Serializable id){
                return super.getHibernateTemplate().get(cls,id);
        }
        public   List select(String hql){
                return super.getHibernateTemplate().find(hql);
        }
}
```

11.3.2 在 Spring 配置文件中注入 sessionFactory

上面的 BaseDao 代码简洁许多，而且看不到任何 Configure、SessionFactory 或 Session 的代码，因为 HibernateDaoSupport 可以帮我们省去一些管理 Configure、SessionFactory、HibernateTemplate 的工作。但是我们必须在配置文件中注入 sessionFactory 属性，否则 DAO 类将无法正确运行。

BaseDao 是 CategoryDao、ProductDao、ItemDao、InventoryDao 和 AccountDao 的父类，而 HibernateDAOSupport 又是 BaseDao 的父类（如图 11.6 所示），Spring 为 HibernateDAO Support 提供了 setSessionFactory 方法，所以可以在 Spring 配置文件中通过这个 setter 方法向各个 DAO 注入 SessionFactory。代码如下所示。

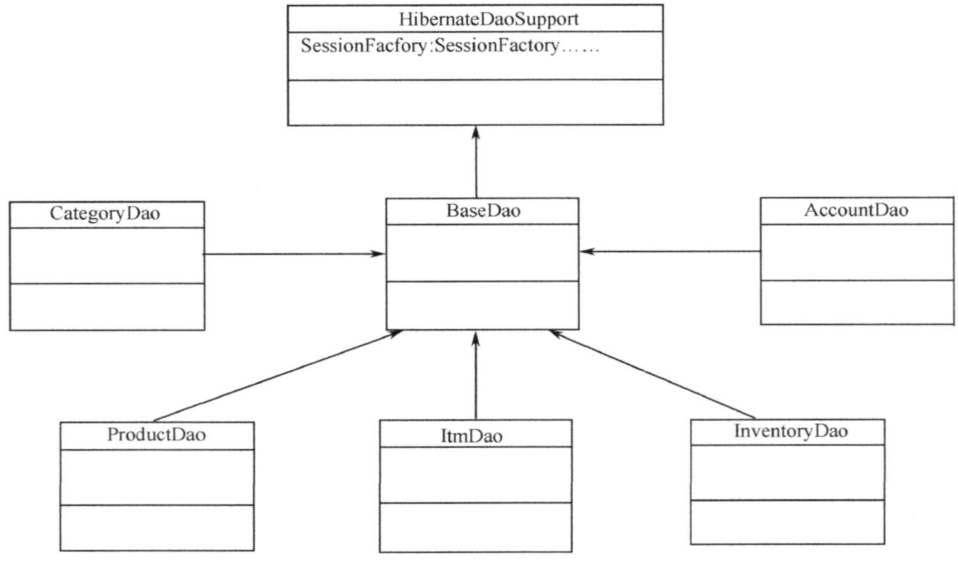

图 11.6　各个类之间的继承关系

```
<?xml version="1.0" encoding="UTF-8"?>
<beans xmlns="http://www.springframework.org/schema/beans"
      xmlns:xsi="http://www.w3.org/2001/XMLSchema-instance"
      xsi:schemaLocation="http://www.springframework.org/schema/beans
http://www.springframework.org/schema/beans/spring-beans-2.0.xsd">
<bean id="sessionFactory" class="org.springframework.orm.hibernate3.LocalSessionFactoryBean">
            <property name="configLocation" value="classpath:hibernate.cfg.xml"/>
</bean>

<bean id="baseDao" class="dao.BaseDao" >
            <property name="sessionFactory" ref="sessionFactory"/>
</bean>

<bean       id="categoryDao"
            class="dao.CategoryDao" >
            <property name="sessionFactory" ref="sessionFactory"/>
</bean>
<!--productDao、itemDao、inventoryDao 和 accountDao 的 sessionFactory 属性配置类似，省略-->
<!--后面代码省略-->
```

代码分析：

- 定义 sessionFactory，通过使用 Spring 提供的 LocalSessionFactoryBean，传入 Hibernate 配置文件的位置。代码为：

```
<bean     id="sessionFactory"
          class="org.springframework.orm.hibernate3.LocalSessionFactoryBean">
          <property name="configLocation" value="classpath:hibernate.cfg.xml"/>
</bean>
```

- 后面的 Bean 将 SessionFactory 注入。代码为：

```
<bean       id="categoryDao"
            class="dao.CategoryDao" >
            <property name="sessionFactory" ref="sessionFactory"/>
</bean>
```

在 BaseDao 中增加 main 方法对 BaseDao 进行测试，代码如下：

```
public static void main(String[] args){
        BaseDao dao=(BaseDao)new ClassPathXmlApplicationContext
                            ("applicationContext.xml").getBean("baseDao");
    //BaseDao dao=new BaseDao ();会出错因为 sessionFactory 没有注入
    System.out.println("get from BaseDao:"
                    +((Category)dao.get(Category.class,"FISH")).getName());
}
```

注意：如果 Hibernate 映射文件 xxx.hbm.xml 中设置了多对一成员变量，如

Category.hbm.xml 的 products，而且页面使用 category.products 来显示数据，需要设置该成员变量的 lazy 属性为 false，即不是延迟加载（如图 11.7 所示）：

<set name="products" inverse="true" lazy="false">，还需要对应修改 Product.hbm.xml 中的一对多成员变量（如图 11.8 所示）：

<many-to-one name="category" class="domain.Category" fetch="select" lazy="false">，可同样处理 Product.hbm.xml 和 Item.hbm.xml。

这是由于在 hibernate 的映射关系中由于急加载，之前的操作后 session 已经关闭，所以加载 set 属性时无 session 可用。

```
        <column name="name" length="80" />
    </property>
    <property name="descn" type="java.lang.String">
        <column name="descn" />
    </property>
    <set name="products" inverse="true" lazy="false">
        <key>
            <column name="category" length="10" not-null="true" />
        </key>
        <one-to-many class="domain.Product" />
    </set>
</class>
```

图 11.7 设置 products 属性非延迟加载

```
    </id>
    <many-to-one name="category" class="domain.Category" fetch="select" lazy="false">
        <column name="category" length="10" not-null="true" />
    </many-to-one>
    <property name="name" type="java.lang.String">
        <column name="name" length="80" />
    </property>
    <property name="descn" type="java.lang.String">
        <column name="descn" />
    </property>
    <set name="items" inverse="true" lazy="false">
        <key>
```

图 11.8 设置 category 和 items 属性非延迟加载

另外，需要在 hibernate.cfg.xml 中增加属性：

```
<!-- 增加自动事务提交，否则不能保存，因为默认不是自动事务提交 -->
        <property name="connection.autocommit">true</property>
        <!-- 执行时输出 SQL 语句，便于调试 -->
        <property name="show_sql">true</property>
```

11.3.3 使用 import 简化配置文件

同 Struts 核心配置文件一样，当 Spring 配置文件变得越来越大时，维护这个文件也是件不容易的事。Spring 也支持多个配置文件。需要做 2 件事：

- 按照注入的顺序将不同的 bean 在不同的配置文件中配置。如将对 sessionFactory 和 BaseDao 的配置放到 dao.xml 中。
- 在 applicationContext.xml 文件中按照注入的顺序使用 import 标签引入各配置文件。

具体地，在项目的 WEB-INF 下创建一个配置文件 dao.xml，在其中配置 sessionFactory

和 baseDao，内容如下：

```
<?xml version="1.0" encoding="UTF-8"?>
<beans xmlns="http://www.springframework.org/schema/beans"
      xmlns:xsi="http://www.w3.org/2001/XMLSchema-instance"
      xsi:schemaLocation="http://www.springframework.org/schema/beans
         http://www.springframework.org/schema/beans/spring-beans-2.0.xsd">

      <bean      id="sessionFactory"
                 class="org.springframework.orm.hibernate3.LocalSessionFactoryBean">
                 <property name="configLocation" value="classpath:hibernate.cfg.xml"/>
     </bean>

      <bean      id="baseDao"
                 class="dao.BaseDao" >
                 <property name="sessionFactory" ref="sessionFactory"/>
      </bean>
 </beans>
```

修改 applicationContext.xml，使用 import 标签导入 dao.xml，然后指定所有 DAO 对象的父对象都为 baseDao，修改后的代码如下：

```
<?xml version="1.0" encoding="UTF-8"?>
<beans xmlns="http://www.springframework.org/schema/beans"
      xmlns:xsi="http://www.w3.org/2001/XMLSchema-instance"
      xsi:schemaLocation="http://www.springframework.org/schema/beans
         http://www.springframework.org/schema/beans/spring-beans-2.0.xsd">

      <import   resource="dao.xml" />

    <bean  id="categoryDao"
           class="dao.CategoryDao"     parent="baseDao">
    </bean>
<!-- productDao 、itemDao、inventoryDao 和 accountDao 的配置类似，省略，请自行完成。-->
<!--后面代码省略-->
```

与 11.3.2 节中 categoryDao、productDao、itemDao、inventoryDao 和 accountDao 直接配置 sessionFactory 不同，上面代码采用的是隐式、间接的配置方式，通过 parent 属性可以将共同的属性 sessionFactory 在父对象中配置，然后在子对象中通过 parent 指定父对象，效果是一样的。

如果以上代码没有错误，则完成配置后再重启服务器就可以了。通常要对以上配置文件和 BaseDao 的正确性进行测试，可以这样做：将以上文件复制到 src 目录下，然后运行 11.2.1 节定义的 testSpring。由于 testSpring 用到了 petstore 对象，如果配置文件和 BaseDao 不正确，petstore 对象也不能正确生成，所以 testSpring 起到了间接测试的作用。

11.4 增加分页显示功能

品种列表、宠物系列列表和宠物查找结果页面列表过长时，通常需要考虑实现分页功能。

11.4.1 分页显示的实现思路

下面以品种列表为例，说明如何实现分页显示。当列表超过某个数值如 4 时，进行分页显示，如图 11.9、图 11.10 所示。

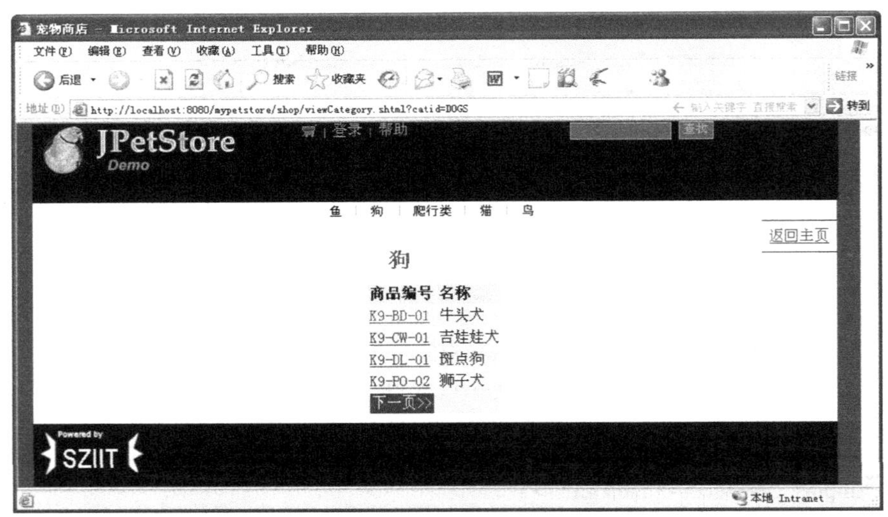

图 11.9 品种列表页面分页显示的首页

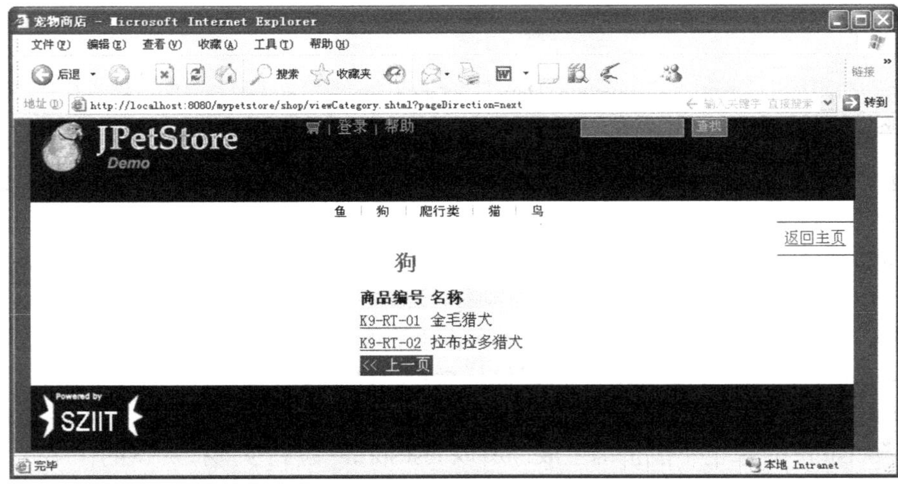

图 11.10 品种列表页面分页显示的最后一页

当单击“上一页”和“下一页”时，还是调用同样的页面，只是显示的数据不同。同样的页面如何区分呢？可以通过请求参数来区分。如果请求参数是catid，则打开第一页；如果请求参数是pageDirection，则进行换页处理，如果pageDirection=previous，则显示上一页内容，pageDirection=next，则显示下一页内容。

显示的数据存放在一个List中，通过定位来取出显示的数据。按照这样的原理，我们可以自己定义一个用于分页的类，不过通常可以使用已经定义好的类。下面介绍的类PagedListHolder就是这样的类。

11.4.2 使用Spring的PagedListHolder进行分页

PagedListHolder类是Spring提供的一个实用的、用于分页的类，PagedListHolder常用方法如表11.2所示。

表11.2 PagedListHolder常用方法表

方法名	说明	方法名	说明
setPageSize()	设置每页显示的数量	previousPage()	跳转到上一页
getPageList()	将当前页内容以List形式返回	isFirstPage()	是否是第一页
nextPage()	跳转到下一页	isLastPage()	是否是末页

只要使用不带参数的构造函数（new PagedListHolder()）创建一个PagedListHodler类的实例，并将一个要进行分页管理的List设置给该实例的source属性（通过调用它的setSource(List)方法，或者在构造函数中传递这个List），就可以进行分页管理了。

PagedListHolder将一个List实例分为几个子List实例，可以依次将内容取出来，并有“上一页”、“下一页”等的实现方法，具体看以下小例子：

```
import java.util.ArrayList;
import java.util.Iterator;

import org.springframework.beans.support.PagedListHolder;

public class Test {
        public static void main(String[] args) {
        ArrayList list = new ArrayList();
        //通过构造方法将 List 对象打包成 PagedListHolder 对象
        PagedListHolder pagedList = new PagedListHolder(list);
        // 初始化 list 实例，将 1 到 10 存放到 list 中
        for (int i = 1; i < 11; i++) {
            list.add("num" + i);
        }
        // 设置每页显示的数量
        pagedList.setPageSize(2);
        int i = 1;
```

```
        while (true)
        //获得当前页保存到 it 中
            Iterator it = pagedList.getPageList().iterator();
            System.out.println("第" + i + "页");
            // 显示每页的内容
        while (it.hasNext()) {
    //it.next()可获得一个记录（对应一行）
                System.out.println(it.next().toString());
            }
            // 如果是末页,则退出
            if (pagedList.isLastPage()) {
                break;
            }
            // 跳转到下一页
            pagedList.nextPage();
            i++;
        }
    }
}
```

以上代码将 1 到 10 保存到 List 对象中，将 List 对象打包成有分页功能的 PagedListHolder 对象，然后设置每页显示 2 个对象，然后将每页取出，并输出每页的对象。

11.4.3 修改相关 Action

以 ShowCategoryAction 为例进行说明。“上一页”、“下一页”页面需要共享数据，所以很自然地会想到使用会话来保存共享的数据。为了能够使用会话，相关 Aciton 需要实现 SessionAware 接口。

```
......
public class ShowCategoryAction extends BaseAction implements SessionAware{
    private String catid;
    private String pageDirection;

    private Map session;// 会话

    public void setPageDirection(String pageDirection) {
        this.pageDirection = pageDirection;
    }

    public void setCatid(String catid) {
        this.catid = catid;
    }
```

```
    // SessionAware 接口中定义的方法
    public void setSession(Map<String, Object> session) {
        // TODO Auto-generated method stub
        this.session=session;
    }
    @Override
    public String execute() throws Exception {
        // TODO Auto-generated method stub
        //处理 showCategory.action?catid=XXXX
        if(catid!=null){
            category=petstore.getCategory(catid);
            PagedListHolder pList=new PagedListHolder(new ArrayList(category.getProducts()));
                pList.setPageSize(2);
            session.put("category", category);
            session.put("pList", pList);
        }
        //处理 showCategory.action?pageDirection=next
        if(pageDirection!=null&&pageDirection.equals("next")){
            PagedListHolder pList=(PagedListHolder) session.get("pList");
            pList.nextPage();
            session.put("pList", pList);
        }
        //处理 showCategory.action?pageDirection=previous
        if(pageDirection!=null&&pageDirection.equals("previous")){
            PagedListHolder pList=(PagedListHolder) session.get("pList");
            pList.previousPage();
            session.put("pList", pList);
        }
        return SUCCESS;
    }
}
```

程序代码分析：

- 如果请求参数 catid 不为空，则将打开品种列表的首页，需要获得 category 对象及其商品列表，并设置商品列表显示商品行数为 4，然后将 category 和 pList 保存到会话中：

```
    //处理 showCategory.action?catid=XXXX
        if(catid!=null){
            category=petstore.getCategory(catid);
            PagedListHolder pList=new PagedListHolder(new ArrayList(category.getProducts()));
            pList.setPageSize(4);
            session.put("category", category);
            session.put("pList", pList);
```

```
}
```

- 如果请求参数 pageDirection 值为 previous，则从会话中获取 pList，然后调用 PagedListHolder 的 previousPage()方法跳转到上一页，并将修改后的 pList（当前页内容不同了）保存到会话中，代码为：

```
//处理 showCategory.action?pageDirection=previous
if(pageDirection!=null&&pageDirection.equals("previous")){
    PagedListHolder pList=(PagedListHolder) session.get("pList");
    pList.previousPage();
    session.put("pList", pList);
}
```

- 如果请求参数 pageDirection 值为 next，则从会话中获取 pList,然后调用 PagedListHolder 的 nextPage()方法跳转到下一页，并将修改后的 pList（当前页内容不同了）保存到会话中，代码为：

```
//处理 showCategory.action?pageDirection=next
if(pageDirection!=null&&pageDirection.equals("next")){
    PagedListHolder pList=(PagedListHolder) session.get("pList");
    pList.nextPage();
    session.put("pList", pList);
}
```

11.4.4 修改相关 JSP 页面

以 Category.jsp 为例进行说明，注意黑体代码。

```
<%@ page language="java"    pageEncoding="UTF-8"%>
<%@ include file="../common/IncludedTop.jsp" %>
<%@ taglib prefix="c"    uri="http://java.sun.com/jsp/jstl/core" %>

<div id="content">
<div id="BackLink">
  <A href="Main.jsp">返回主菜单</A>
</div>
<div id="Catalog">
  <h2>${category.name}</h2>
  <table>
    <tr><th>商品编号</th>    <th>名称</th></tr>
    <c:forEach var="obj" items="${pList.pageList}">
    <tr><td><A href="ShowProduct.action?productid=${obj.productid }">${obj.productid }</A></td>
                  <td>${obj.name }</td></tr>
    </c:forEach>
    <tr><td colspan=2>
    <c:if test="${!pList.firstPage }"><a class="Button" href="ShowCategory.action?pageDirection=
```

```
                previous">&lt;&lt; 上一页</a></c:if>
        <c:if test="${!pList.lastPage}"><a class="Button" href="ShowCategory.action?pageDirection=next">
下一页&gt;&gt;</a></c:if>
        </td></tr>
        </table>
    </div>
    </div>
    <%@ include file="../common/IncludedBottom.jsp
```

注意：Java 类只要提供属性的 getter 方法，其对象就可以用 EL 表达式输出属性的值，如${pList.pageList}。对于 boolean 属性只要提供 is 方法，其对象就可以用 EL 表达式输出属性的值，如${!pList.firstPage}和${!pList.lastPage}。

作　　业

一、选择题

1．下面关于依赖注入的说法，正确的是______。

A．依赖注入的目标是在代码外管理程序组件间的依赖关系

B．依赖注入即是面向接口编程

C．依赖注入是面向对象技术的替代品

D．依赖注入的使用会增大程序的规模

2．Spring 配置文件中有如下代码片段，则下面说法正确的是______。

```
<bean id="car" class="test.Car">
    <property name="video" value="samsung">
<property name="seating" value ="5">
</bean>
```

A．Car 中一定有代码 private String video;

B．Car 中一定有 public void setVideo(String video)方法

C．Car 中一定有代码 private Integer seating;

D．Car 中一定有 public void setSeating(Integer seating)方法

3．关于 Spring 说法错误的是____。

A．Spring 是一个轻量级 Java EE 的框架集合

B．Spring 包含一个“依赖注入”模式的实现

C．Spring 提供面向界面编程技术

D．依赖注入就是面向界面编程技术

4．默认的 Spring 配置文件名是_____。

A．spring.xml

B applicationContext.xml

C. application.xml

D. springContext.xml

5. 下列说法，正确的是_____。

A. 需要注入的属性，一定要有 getter 方法

B. 需要注入的属性，一定要有 setter 方法

C. 需要注入的属性，一定是基本类型

D. 需要注入的属性，一定是 Bean 类型（即类型是一个 JavaBean）

6. 如果 bookList 是一个 PagedListHolder 对象，下列说法中错误的是_____。

A. ${bookList.pageList}可以为<c:forEach>标签 items 属性赋值

B. <c:if test="${! bookList.firstPage}">是正确的

C. <c:if test="${! bookList.lastPage}">是正确的

D. bookList 可以像 java.util.List 对象一样使用

7. 如果 bookList 是一个 java.util.ArrayList 对象，下列说法错误的是_____。

A. PagedListHolder pagedBookList=new PagedListHolder(booklist);是正确的代码

B. PagedListHolder pagedBookList=new PagedListHolder();pagedBookList. setSource (booklist);是正确的

C. <c:if test="${! bookList.lastPage}">是正确的

D. bookList 可以像 List 对象一样使用

二、简答题

1. 简述什么是依赖注入以及给我们项目开发带来的好处。
2. 说明 BaseAction 的作用。
3. 说明 11.3.2 节和 11.3.3 节中配置文件的不同。

任务 11 用 Spring 改写 Catalog 和用户登录模块

一、任务说明

在前面版本的基础上，使用 Spring 改写宠物信息相关模快。

二、开发环境准备

请按照 11.1.2 节配置 Spring 开发环境。

三、完成过程

1. 使用 Spring 配置文件管理 PetStoreImpl 和各 DAO 类对象之间的依赖。

（1）参考 11.2.1 节编写 PetStoreImpl 和 DAO 类之简单依赖关系的文件 applicationContext.xml，然后测试 applicationContext.xml。

（2）参考 11.2.2 节编写 BaseAction。

（3）参考 11.2.3 节重写 ShowCategoryAction。

2．自己完成：使用 Spring 重写宠物分类展现的其他部分。

3．自己完成：使用 Spring 重写用户登录、注册和账户编辑部分。

4．参考 11.3 节通过使用 HibernateDaoSupport 和在 Spring 配置文件中配置 sessionFactory，简化 BaseDao 类代码。

5．参考 11.4 节实现品种列表分页功能。

（1）参考 11.4.3 节完成支持分页的 ShowCategoryAction。

（2）参考 11.4.4 节完成支持分页的 Category.jsp。

6．自己完成：宠物分类展现的其他部分的分页功能。

7．自己完成：查找结果分页功能。

8．自己完成购物车的分页功能。

参考文献及网址

[1] Hanumant Deshmukh Jignesh Malavia Matthew Scarpino.SCWCD Exam Study Kit: Java Web Component Developer Certification, MANNING, 2005.4.（该书为 Java 组件开发认证 SCWCD（原 SUN 公司的权威认证）学习教材.）

[2] 覃国蓉. 基于工作任务的 Java Web 应用教程.北京：电子工业出版社，2009.12.

[3] 李刚. 轻量级 Java EE 企业应用实战（第 3 版）.北京：电子工业出版社，2011.3.

[4] http://www.springframework.org.

[5] http://struts.apache.org（Struts 框架技术官网）.

[6] http://hibernate.org（Hibernate 框架技术官网）.

[7] http://blog.csdn.net/ShuttleInGalaxies/article/details/5792107（HJPetstore 开发者 PPrun 的相关博文）.